“十四五”普通高等教育本科部委级规划教材

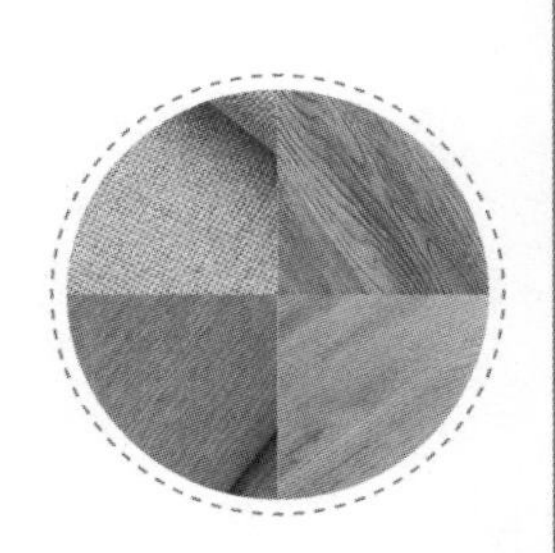

装饰材料与施工工艺

ZHUANGSHI CAILIAO YU SHIGONG GONGYI

严滔　胡晓　龙杰　编著

中国纺织出版社有限公司

《装饰材料与施工工艺》编委会成员

前 言

装饰材料是表达设计理念与装饰风格的物质基础，材料的施工工艺是实现设计作品的必要方法。经济的快速发展，带动人们对工作、生活环境的高品质追求，装饰材料与施工工艺日新月异，涌现了大量的新技术、新材料以及新工艺。装饰工程中常用的装饰材料有哪些，特点是什么，如何应用以及如何选购；不同施工工序需要怎样的装饰材料，施工流程如何，如何实现设计师的意图等，基于上述问题，编写了此书，编者希望借助此书可以给想了解装饰行业的读者自学以及为计划装修的社会人士提供一定指导。

本书将专业知识借助案例与图文结合的方式呈现，用来展示装饰材料与施工流程，通俗易懂、趣味直观。每个章节配有学习任务和思考练习，旨在帮助教师教学以及学生自主拓展。

全书分七章，包括装饰材料与施工工艺概述、改造工程、水电工程、瓦工工程、木工工程、油漆工程以及安装工程。在每一个章节中，均围绕材料和施工两部分进行重点讲解，先认识材料，再了解施工流程，最后掌握验收标准。系统、清晰地阐述了装饰装修各工种项目的知识要点和技术要点。

本书在编写过程中，力求内容做到翔实，科学严谨，同时尽可能展现当下装饰市场的最新材料和最新工艺，编写过程中也得到了许多业界朋友的帮助和支持，对此表示衷心感谢，他们是付小玲、周长华、彭飞燕、朱永江、刘立、任海峰。

由于本人水平有限，书中若有疏漏和不妥之处，敬请广大读者批评指正。

严滔

2022 年 1 月

目录

第一章

装饰材料与施工工艺概述

【本章教学项目任务书】

<table>
<tr><td></td><td>能力目标</td><td>知识目标</td><td>素质目标</td></tr>
<tr><td>教学目标</td><td>能对施工图纸进行有效分析及评价</td><td>（1）了解装饰方式
（2）了解室风装饰风格
（3）了解装饰材料分类及发展趋势
（4）掌握室内装饰流程</td><td>（1）培养学生严谨细致的学习作风
（2）发现问题、解决问题的实践能力</td></tr>
<tr><td>重点、难点及解决办法</td><td colspan="3">重点：室内装饰方式、风格、材料以及施工流程
难点：室内装饰施工流程
解决方法：
（1）展示落地在建的施工现场图片
（2）工艺间现场讲解施工流程</td></tr>
<tr><td>教学实施</td><td colspan="3">（1）展示已签单落地的全套施工图纸及效果图纸案例，欣赏与分析案例，了解装饰施工图纸是施工的重要支撑
（2）小组讨论、并模拟项目经理对施工图纸做评价
（3）对装饰材料分类等理论知识进行讲解
（4）工艺展示间观摩、现场讲解室内装饰施工流程
（5）通过学习布置课后拓展作业：整理及搜集室内装饰风格特点及图片，并对“金九银十”理解进行表述等</td></tr>
</table>

第一节 装饰施工前期准备

装饰施工是项大工程，在决定装饰施工前，有很多重要的前期准备工作。前期工作考虑充分，规划合理，直接决定装饰施工进度的质量。

一、装饰方式的选择

目前，市场上常用的装饰方式主要有 4 种，分别是半包、全包、清包和套餐。这 4 种装修方式有其各自的优劣势。

（一）半包

半包是介于全包和清包之间的一种装修方式，装饰公司负责施工和购买辅料，主材由业主自行购买。如瓷砖铺贴中，装饰公司负责找瓦工师傅铺贴和购买水泥、沙等辅料，业主自行购买主材瓷砖；这种方式业主选择的比较多，业主比较省心又有较强的自主选购主材的权利。

（二）全包

全包就是指包工包料，装饰公司负责全部施工和所有装饰要用的材料（无论是主材还是辅料），业主拎包入住，这也是装饰公司现阶段主推的装修方式。

（三）清包

清包又叫包清工，是指业主自行购买装修过程中要用到的所有材料（含主材和辅料），找装饰公司或者装修施工队进行施工，只支付对方人工工资的装修方式。目前市场上选择此种方式的业主比较少，原因在于费时费力，尤其是材料的选购是门技术活，如果不懂往往会超出预算很多。一般不建议业主选择此种装修方式，如果业主本身是行业人士，选择清包是最合适的。

（四）套餐

套餐的装修方式，是最近几年市场的主力，指把装修中涉及的人工费、主材费以及辅料费合在一起报价（其中还包括公司基本利润点），按经济、舒适和尊享等几个不同档次给出一个打包的套餐价格，如某小区业主的房屋户型建筑面积为127 m^2，如果业主选择装饰公司推出的2280元/m^2尊享套餐全包方案，那么业主的整个装修费用就是：127 m^2 × 2280元/m^2 = 289560元（28.956万元）。这种装修方式也逐渐受业主欢迎，可以做到真正的拎包入住，而且业主可以根据自己的装修预算选择不同档次的装修套餐。

二、装饰风格的选择

装饰风格有很多，而且有地域性和流行性，常见的有现代主义风格、中式风格、欧式风格、美式风格、东南亚风格、后现代风格以及日式风格等。装饰风格的确立能让设计师精确把握设计的立足点，同时也能让客户更直观地看出装饰效果。目前市场上选择较多的设计风格主要有现代简约风格（图1-1）、

图1-1　现代简约风格

现代极简风格（图 1-2）、北欧风格（图 1-3）、新中式风格（图 1-4）、欧式风格（图 1-5）、美式风格（图 1-6）等。装饰风格根据业主自己个人喜好而定，但需遵从设计风格上整体和谐。

图 1-2　现代极简风格

图 1-3　北欧风格

图 1-4　新中式风格

图 1-5　欧式风格

图 1-6　美式风格

三、装饰公司的选择

选择一家合适的装饰公司对于装修的业主来说，会非常省心。在选择装饰公司时，业主会很关心公司是否正规、施工水平以及报价。业主可以通过实地查看装饰公司的营业执照、资质、办公场所、经营规模等渠道进行比较了解；还可以和公司设计师进行装修需求的沟通，了解并比较公司的装修实力；业主最好能亲自去看公司样板间，尤其是正在施工的工地，以查看公司施工工艺水平。这些渠道都能够帮助业主找到自己比较心仪的装饰公司。很多业主会根据业内口碑或者身边同事、朋友推荐去选择装饰公司；或者业主会通过自己熟悉的设计师去选择装饰公司；也有的业主会决定亲力亲为来装修，但从施工角度，我们并不主张亲力亲为，术业有专攻，专业的事还是交给专业的人做，所以选择一家靠谱的装饰公司，会为装修省下很多事。

四、装修合同的签订

确定装饰公司，接下来就要和自己的设计师进行全房装修中的设计沟通环节，这一点非常重要。装修方案确定，工程预算报价出来，业主在都满意的情况下，就可以和装饰公司签署装修合同了，这也就意味着双方真诚合作的开始。签署合同后，业主手上会有一份完整的装修施工图和预算报价单。

知识拓展：签订装修合同注意事项

业主签订装修合同时，一定要认真、仔细阅读并理解后再签字，不能因为嫌麻烦敷衍了事。因为装修合同所涉及的内容相对比较复杂，一旦签字，合同就生效了，日后万一发生纠纷，合同就是走法律程序的必备材料。同时业主也要特别留意合同中关于装饰材料是否按沟通约定的品牌、型号以及规格写清楚，以免后期出现施工材料不一致等问题。

五、装修日期的选定

合同签订，双方达成协定，合作开始。装饰公司征取业主意愿，双方确认装修开工的日期。装修日期的确定一般以业主需求为主。开工前的这段时间，业主就可以逛建材市场了，市场内所有的材料都可以先了解行情，如家具（沙发、茶几、餐桌、床等）都可以提前逛逛，了解市场价格，同时也对后期购买做到了然于心，特别是颜色、款式搭配等；同时监理要提醒业主去小区物业提前办好装修许可证，通常物主会要求业主提供装修图纸、交纳装修押金等以保证后面施工正常进行；装饰公司也要做好开工前的各项准备工作，包括成品保护，监理、各工种师傅的安排、材料等。

知识拓展：办理装修需要提供的资料

办理装修前需要提供的资料有以下几项：

（1）业主身份证原件以及复印件。

（2）房屋产权证明复印件、购房合同的部分复印件。

（3）室内装修平面布置图、原始户型图、拆墙图、新砌墙图、开关插座布置图、水路走向图。

（4）装修合同复印件。

（5）装饰公司资质证书和营业执照复印件。

（6）如果自己找人装修需要提供前三项的资料，如果找装饰公司装修需要提供全部资料。

六、施工交底

施工交底也称三方交底，是装修施工前最重要的环节。交底可以理解为施工技术交接，如图 1-7 所示。商讨装修设计方案时，主要是业主和设计师进行沟通交流、对接；确定设计方案后，施工就需要转接由监理或项目经理负责。施工交底是由业主、设计师、项目经理（或监理）三方共同完成，设计师会将设计意图告诉业主和项目经理（或监理），让项目经理（或监理）了解施工要求，也让业主对装修布局有较为清晰的了解。装饰公司会准备一场较有仪式感的开工仪式，当天有些定制产品材料商也会应邀来参加开工仪式。

图 1-7　施工交底

知识拓展：施工交底

施工交底主要是三方共同对室内空间的墙、顶、地面的平整度以及给排水管道的通畅等进行检查确认；同时设计师会向项目经理（或监理）详细讲解施工图纸以及具体细节处理。

七、成品保护

开工装修前，装饰公司会提前对工地进行现场的成品保护工作，这在装饰施工中是很重要的一步。如入户门的成品保护，装修过程中各种材料运输有可能会刮伤入户门；下水管道、燃气表、水表等需要用牛皮纸封口并用橡皮筋打结，避免打拆墙体、开槽时的石块击破管道或者水泥砂浆不慎落入管道内造成堵塞；门窗贴膜；阳台拉网以免施工时材料飞溅伤人；电梯口至入户门的地面用保护地膜进行保护；地面铺贴瓷砖后，木工、油漆工进场施工时，需要用石膏板将地面保护起来；进场如果是精装房已经铺贴好地砖或地板，施工前需要对地面进行保护；这些保护措施都能最大限度保护业主屋内设施完整、不受破坏，也能体现公司施工技艺水平，展示公司文化形象（图 1-8 ～图 1-10）。

图 1-8　门保护

图 1-9　燃气表保护

图 1-10　阳台拉网保护

八、材料进场

若业主和装饰公司签署的是半包装修合同，辅料由装饰公司负责，主材需要业主自行购买，部分装饰材料需要业主提前定购，通常情况下项目经理（监理）会提前通知业主。以免材料进场较晚，影响施工进度。如果业主和装饰公司签署的是全包装修合同，按监理要求做好各项安排即可。装修材料进场与施工工序有关，后面章节在讲到施工流程时会具体阐述。

知识拓展：施工进度横道表

施工进度横道表是关于整个装修工期的时间安排表，预定工期多少天，哪一个时间阶段安排什么工种，施工进度表上业主都能很直观地看清楚。装饰公司一般都会在开工当天在施工现场张贴进度表，方便业主查看、了解工程进度（图 1-11）。

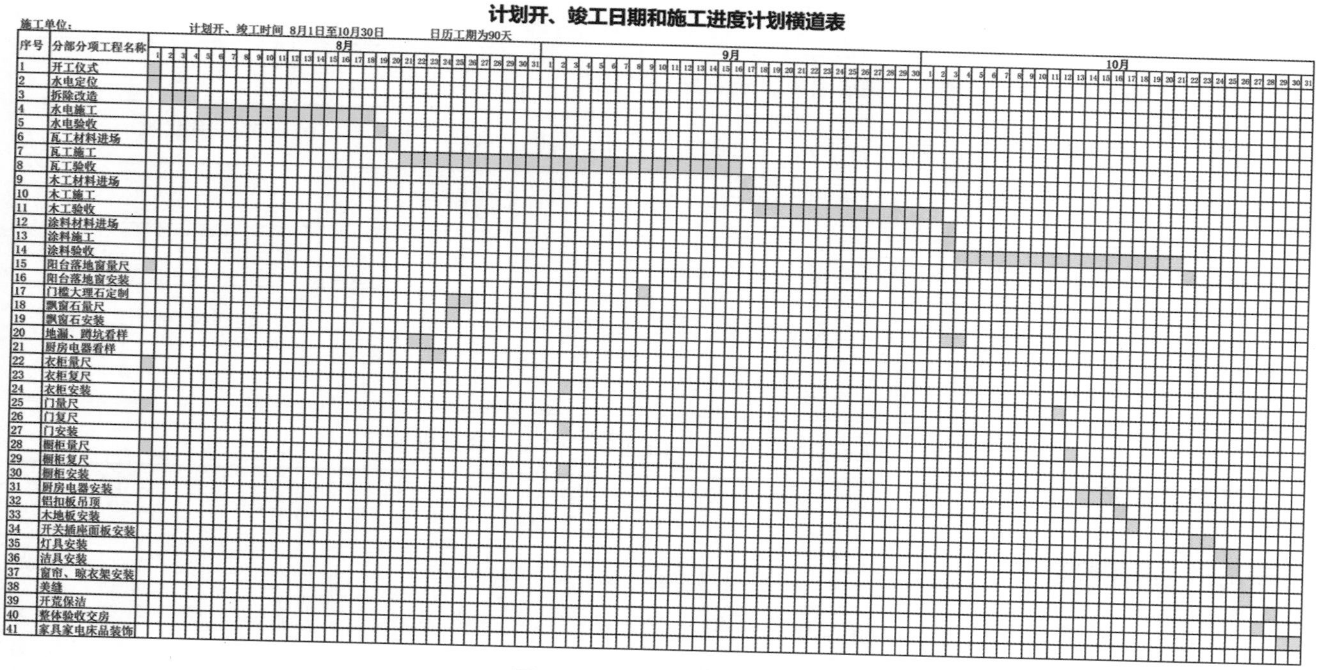

计划开、竣工日期和施工进度计划横道表

施工单位：　　计划开、竣工时间 8月1日至10月30日　　日历工期为90天

序号	分部分项工程名称	8月（1 2 3 4 5 6 7 8 9 10 11 12 13 14 15 16 17 18 19 20 21 22 23 24 25 26 27 28 29 30 31）	9月（1 2 3 4 5 6 7 8 9 10 11 12 13 14 15 16 17 18 19 20 21 22 23 24 25 26 27 28 29 30）	10月（1 2 3 4 5 6 7 8 9 10 11 12 13 14 15 16 17 18 19 20 21 22 23 24 25 26 27 28 29 30 31）
1	开工仪式			
2	水电定位			
3	拆除改造			
4	水电施工			
5	水电验收			
6	瓦工材料进场			
7	瓦工施工			
8	瓦工验收			
9	木工材料进场			
10	木工施工			
11	木工验收			
12	涂料材料进场			
13	涂料施工			
14	涂料验收			
15	阳台落地窗量尺			
16	阳台落地窗安装			
17	门槛大理石定制			
18	飘窗石量尺			
19	飘窗石安装			
20	地漏、蹲坑看样			
21	厨房电器看样			
22	衣柜量尺			
23	衣柜复尺			
24	衣柜安装			
25	门量尺			
26	门复尺			
27	门安装			
28	橱柜量尺			
29	橱柜复尺			
30	橱柜安装			
31	厨房电器安装			
32	铝扣板吊顶			
33	木地板安装			
34	开关插座面板安装			
35	灯具安装			
36	洁具安装			
37	窗帘、晾衣架安装			
38	美缝			
39	开荒保洁			
40	整体验收交房			
41	家具家电床品装饰			

图 1-11　施工进度横道表

第二节　需要购买的装饰材料明细

在室内装饰中，按照装饰行业的习惯，通常将整个装饰过程分为硬装和软装两大块；装饰材料按应用范围可分为主材和辅料两大类。主材，顾名思义主要材料，通常指的是在装修中大面积使用的材料，从装修成本上来说，也是预算较高的材料，如瓷砖、地板、乳胶漆、墙布、卫浴洁具、灯具、门等；辅料可以理解为主材以外的其他装饰材料，如水电改造中用到的电线、电线套管、水管及弯头配件，瓦工工程中要用到的水泥、砂浆、轻质砖等；装饰材料也可以按使用空间分为地面装饰材料、墙面装饰材料、吊顶材料。地面装饰材料主要有瓷砖、木地板等，墙面装饰材料主要有乳胶漆、墙纸墙布等，吊顶材料主要有轻钢龙骨、木龙骨和铝扣板等。

按材料类别分，装饰设计中常见的材料品种可以参照表 1-1。

表 1-1　主要装饰材料

材料类别	材料名称
水电材料	PPR 管、铜管、镀锌铁管、PVC 管、电线、开关面板等 暖气、净水、空气净化
陶砖	釉面砖、通体砖、抛光砖、玻化砖、陶瓷锦砖（马赛克）
地板	复合地板、实木复合地板、实木地板、竹木地板
石材	大理石、人造石、花岗石、文化石
板材	生态免漆板、胶合板、细木工板、铝塑板、密度板、饰面板、铝扣板、石膏板
吊顶材料	轻钢龙骨、木龙骨
墙面装饰	乳胶漆、墙纸、墙布、集成墙板、硅藻泥、艺术漆
厨卫浴	浴室柜、花洒、马桶、蹲便器、五金挂件、浴缸、橱柜、水槽、水龙头、热水器、地漏等
门窗	防盗门、实木门、实木复合门、模压门、钢门窗、铝合金门窗
装饰线条	木线条、石膏线条、PVC 线条、金属线条
灯具	吊灯、吸顶灯、落地灯、台灯、壁灯、筒灯、射灯
软装	家具家电、窗帘、壁画、地毯、床上用品
辅料	底盒、卡钉、弯头、水泥、沙子、钉子、白乳胶、拉手、合页等

知识拓展：智能家居

“智能家居”通常包括智能门锁、智能照明控制系统、智能窗帘系统、智能取暖系统、智能换气系统、智能安防系统、电器控制系统、互联网远程监控、电话远程控制、网络视频监控、室内无线遥控等多个方面，有了这些技术，人们可以轻松地实现全自动化的家居生活。

第三节　装饰的施工流程及时间节点

装饰施工流程对于施工的顺利进行和最后的装修质量起着至关重要的作用，甚至可以说装饰施工流程的安排和执行是直接反映施工水平的标准。施工中出现不少的质量问题就是因为没有严格遵照标准的施工流程和施工工艺造成的，如刚刚开工，地面铺装材料已进场；墙面乳胶漆已涂刷，但门还没安装等。不规范的施工多是因为施工流程错乱而造成的，所以掌握相应的装饰施工流程对装饰工程而言是非常重要的。

按照通常的施工习惯大致上可以将室内整个装修施工概括成墙体改造、水电、瓦工、木工、油漆和安装等六大工程。具体施工时，结合不同工种的进程和师傅调配情况，装饰施工流程会有一些调整，但主要是各个工种的协调。如有时工程较急，需要几个工种同时开工，瓦工和木工同时进场，这时就更需要协调。还有一种是有的装饰公司有自己企业的装修施工标准，有些装饰公司，他们的施工流程是墙体改造、水电、木工、瓦工、油漆和安装工程，在木工和瓦工工序节点上有自己公司的施工流程。“水、电、瓦、木、油”可能叫起来更顺，但是在实际施工中，“水、电、瓦、木、瓦、油”和“水、电、木、瓦、油”也是经常存在的。另外，需要特别说明一点的是，施工流程是结合具体选择的装饰材料而定，如随着装饰材料的日益丰富化，选择顶墙集成墙板的（图 1-12），这样传统的“水、电、瓦、木、油”就成了“水、电、瓦、木”，就没有油漆施工环节了。本书还是结合传统的“水、电、瓦、木、油”，简要概述相关施工流程。

图 1-12　顶墙集成墙板

知识拓展：穿插工艺注意事项

上述工序中，还需要注意穿插的施工工艺事项，在做施工安排时，如果只是按照上述工序按部就班施工，那就会出现问题，如封阳台属于安装工程，按流程在施工最后，但正常情况下还是应该在贴瓷砖之前（瓦工工程），一是防水比较容易做更好，二是比较美观。

一、墙体改造

图 1-13　改造工程拆墙

无论是新房还是二手房，人们在收房后都不满足原有的户型结构，往往都会在装修的时候进行一定的结构拆改。墙体改造是施工的开始，一般包括拆墙和砌墙两部分。拆墙一般是由专业的打拆墙体的师傅完成，砌墙由瓦工师傅完成。如果业主选择装饰公司装修，施工人员会依据设计师提供的施工图纸进行施工，如果业主自行装修，施工人员一般会按照业主需求进行施工（图 1-13）。

知识拓展

开工之前业主最好先去市场逛逛家具，对自己比较满意的家具风格、颜色、尺寸大小、价位等有初步了解，这样能方便业主更好地选购装饰材料。材料采购这件事没有必须一步到位，也不可能一步到位，因为装修本身就是在进行中不断思考、判断、借鉴、修改的，在这个过程中我们都会有很多想法不断更新，而且，分阶段考虑更有利于我们在适合的阶段集中精力去考量这部分的产品，不会花冤枉钱。

二、水电工程

墙体改造完成后，接下来就需要进行水电改造工程了，装饰公司提供的施工图纸中的水路布置图、开关插座布置图以及灯具布置图是水电师傅施工依据。如果业主自行装修，就需要与专业的水电工沟通详细的水电改造布线方案。如果仓促开工，一边在进行水电施工一边还在思考哪个地方还能做点什么，是很不合理的，会导致装修完毕使用时才发现做好的电位可能用不上，很多想要的电位又没有做，这样会直接影响居住的舒适程度。水电改造多采用暗装方式，在装饰工程完成后表面是看不见的，但是一旦出现大的隐患，损失都会比较大，而且维修起来往往会带有较大的破坏性。所以设计方面必须把握安全性与舒适性并重的原则，做到有的放矢，避免造成后期损失。水电改造工程中，暖气（地暖、暖气片）、空调（中央空调、风管机）以及净水系统也需要在此工程中完成布线施工。因为这些都属于隐蔽工程（图 1-14）。

图 1-14　水电工程

三、瓦工工程

瓦工工程主要是对室内卫生间进行防水、回填、地面找平、地面和墙面瓷砖铺贴；厨房地面和墙面瓷砖铺贴以及砌筑新墙体、批荡等的施工处理。相对来说，瓦工工程工程量比较大，是所有施工工序中施工时间较长的一个（图 1-15）。

图 1-15　瓦工工程

四、木工工程

随着全屋定制家具的流行，在室内装饰中，业主基本上都是选择全屋定制，如鞋柜、玄关柜、衣柜、书柜、橱柜、餐边柜等，这些原本都是木工师傅现场制作，还有门和木地板的安装之前也是木工师傅负责，但现在材料商家在出售成品门和成品木地板时，售价中都包含了安装费用，有专业的安装师傅进行安装，所以目前木工的施工量相比以前有了大幅下降。现在室内装饰工程中，木工师傅主要的施工任务是完成室内空间的吊顶（主要是客餐厅、卧室或阳台，不包括厨房和卫生间）和室内背景墙的施工，如电视机背景墙、沙发背景墙、餐厅背景墙以及卧室背景墙等施工工程（图 1-16）。

图 1-16 木工工程

五、油漆工程

油漆工程是装饰工程中的面子工程，它的时间节点出现在整个施工过程的一头一尾，头是指改造完成后，墙面进行“黄墙绿地”涂料工程，尾是指木工工程结束后，油漆工进场。这个时间节点油漆工程完成的是墙面乳胶漆以及其他墙面装饰材料的施工，随着材料的日益升级和更新，墙面装饰除了大众化的乳胶漆外，业主有了更多的选择，比如艺术漆、硅藻泥、墙纸墙布和集成墙板等（图 1-17）。

六、安装工程

安装工程指的是各种成品的安装，包括开关、插座、灯具安装；厨房、卫生间铝扣板安装、定制家具安装、卫浴安装、门窗安装、木地板安装等。开关、插座、灯具安装由水电工完成，其他安装基本都是商家提供送货、安装服务。只是需要注意一点，不同成品的安装出现的时间节点是不一样的，后面在安装工程部分详细讲述（图 1-18）。

图 1-17 油漆工程

图 1-18 安装工程

七、工程验收

每一个项目工程完工后，必须对项目进行验收，验收合格后才能进行下一个工种施工，在全部施工工程完工后，还有一次全面的验收，最终的验收必须由三方完成，需要按照《装修工程质量规范》进行验收，验收后按照装修的实际工程量进行最后的总结算。这里需要特别说明的是，在施工中有时难免需要根据业主和实际的需要进行一些工程的增减，所以在这方面需要和业主协调，最终按照实际工程量进行结算。业主除了工程施工质量的验收外，建议可自行增加一个室内污染检测，以检测装修的环保质量（图 1-19）。

图 1-19 验收工程

通常建议业主在家具进场前，进行一次环境质量的检测，以免家具进场后就不好确定具体是因家具造成的环境污染，还是由于装修造成的环境污染；另外装修完毕及家具入场后不要立即入住，在室内通风透气的基础上空置一段时间，最好是一个月以上，让房子“换换气，排排毒”。通风透气这段时间可以大幅地降低室内的环境污染。不过，室内甲醛完全释放完毕需要 10 ～ 15 年时间，尤其前三年为高挥发期，封闭一段时间后，室内甲醛浓度又会增高，所以必须长时间保持室内通风；室内多放一些阔叶类植物，不少植物如芦荟、吊兰等本身就具有吸收有毒有害物质的功能，一盆这样的植物就相当于一个微型空气净化器。但是，针对浓度较高的室内污染，植物也没有办法起到根本性的治理作用。就目前室内污染治理技术来看，最为有效的还是光触媒治理。

知识拓展：装饰材料入场的时间节点

装饰是个复杂的工程，对装饰材料和施工流程有了基本的了解后，可归纳一下装饰材料入场的时间节点。每一个工序都有特定的装饰材料，或者说装饰材料进场要随着施工工序。施工中，常常有因订购材料时间不合理引起的材料入场不及时和材料入场太早无处堆放的问题。所以施工中，材料的入场时间节点也是有讲究的，有些材料可能还需要提供定制，并不是现买的；如果半包，有些主材需要业主购买的，监理也需要提前规划好时间，给业主较充裕的选购时间，避免因时间太急，业主盲目选购。各流程工序中材料入场清单见表 1-2。

表 1-2　装饰材料入场的时间节点表

工序节点	需要准备的装饰材料
开工前	供暖系统 / 中央、风管系统 / 新风系统 / 净水系统 / 投影、音响系统 / 智能、安防系统 / 卫浴洁具 / 橱柜、厨房电器的型号、尺寸 / 阳台门窗定制等
水电施工	水电材料 / 强弱电箱 / 燃气表移位 / 可视移位 / 蹲便 / 总阀 / 打孔
瓦工施工	砖（考虑好是否美缝）/ 地漏 / 大理石 / 现场家具五金 / 橱柜测量 、定制家具复尺测量 / 门复尺测量、换入户门 / 包管道 / 贴瓷砖）
木工施工	房门、定制家具上门安装
油漆施工	石膏线 / 墙纸基模 / 硅藻泥 / 黑板漆 / 玻璃 / 木雕
安装	室内门 / 地板 / 热水器 / 铝扣板 / 橱柜 / 水槽、烟机、灶具 / 洁具 / 窗帘、晾衣架、五金 / 插座安装 / 灯具安装
安装工程完成后	开荒保洁 / 家具、家电 / 床品、装饰

温馨提示：工期安排要合理。

思考与练习

1. 自主搜索、拓展有哪些装修风格？并以文字配实景图加以说明。
2. 在装修行业，为什么有“金九银十”的说法，具体是指什么？
3. 自主搜索关于“智能家居”的概念以及运用，文字、图片或视频均可。
4. 自主搜索有关室内装饰设计主题的公众号、App 或抖音号，并分小组分享。

第二章

改造工程

【本章教学项目任务书】

<table>
<tr><th>教学目标</th><th>能力目标</th><th>知识目标</th><th>素质目标</th></tr>
<tr><td></td><td>能对拆墙图及砌墙图有效分析与评价，以及准确表述施工方案</td><td>（1）了解什么叫承重墙
（2）掌握改造施工要点</td><td>（1）培养学生严谨细致的学习作风
（2）发现问题并解决问题的实践能力
（3）培养学生口头表达能力</td></tr>
<tr><td>重点、难点及解决办法</td><td colspan="3">重点：各种墙体的认识，墙体改造施工要点
难点：墙体改造施工要点
解决方法：
（1）展示原始框架图片，让学生认识各种墙体
（2）通过案例分析墙体改造施工要点</td></tr>
<tr><td>教学实施</td><td colspan="3">（1）展示已签单落地的施工图纸中的拆、砌墙图案例，欣赏与分析案例，了解改造施工方案
（2）小组讨论、并模拟项目经理对拆、砌墙图作出评价
（3）展示原始框架图，让学生认识各种墙体
（4）理论讲解承重墙以及墙体的拆改原则
（5）分小组模拟施工班组，以组长为项目经理，组员为监理，做情境讨论：
情境 1：分小组讨论案例户型做了哪些改造工程
情境 2：如果你是业主，你如何做改造
情境 3：分小组交流哪些墙体可以打拆
（6）课后思考与练习作业</td></tr>
</table>

第一节　墙体改造

墙体改造主要是根据业主实际装饰装修需求，在原始框架图上，绘制出施工图纸中的拆除墙体图和新砌墙体图，完成后即形成了新的空间结构，再进行平面布局进行施工（图 2-1 ～图 2-4）。由于砌墙项目属于瓦工工程，本章节中着重讲解墙体改造中的拆改原则及注意事项。

墙体拆改并不是随心所欲的，必须要综合考虑房屋的设计标准、材料要求、施工质量、房屋结构等，在装修的时候不只是资金的投入，还得重视房屋结构的安全。如果承重墙被破坏，后果将会很严重，甚至会影响到整座楼的结构安全。因此业主在装修时，结构改造必须慎重且适当，改造前一定要对房屋的结构了然于心，可以看开发商设计图，与设计师进行沟通，必要时要到房屋现场勘测，在能改动的前提下方可开始改动，这样才能改的放心，住的安心。

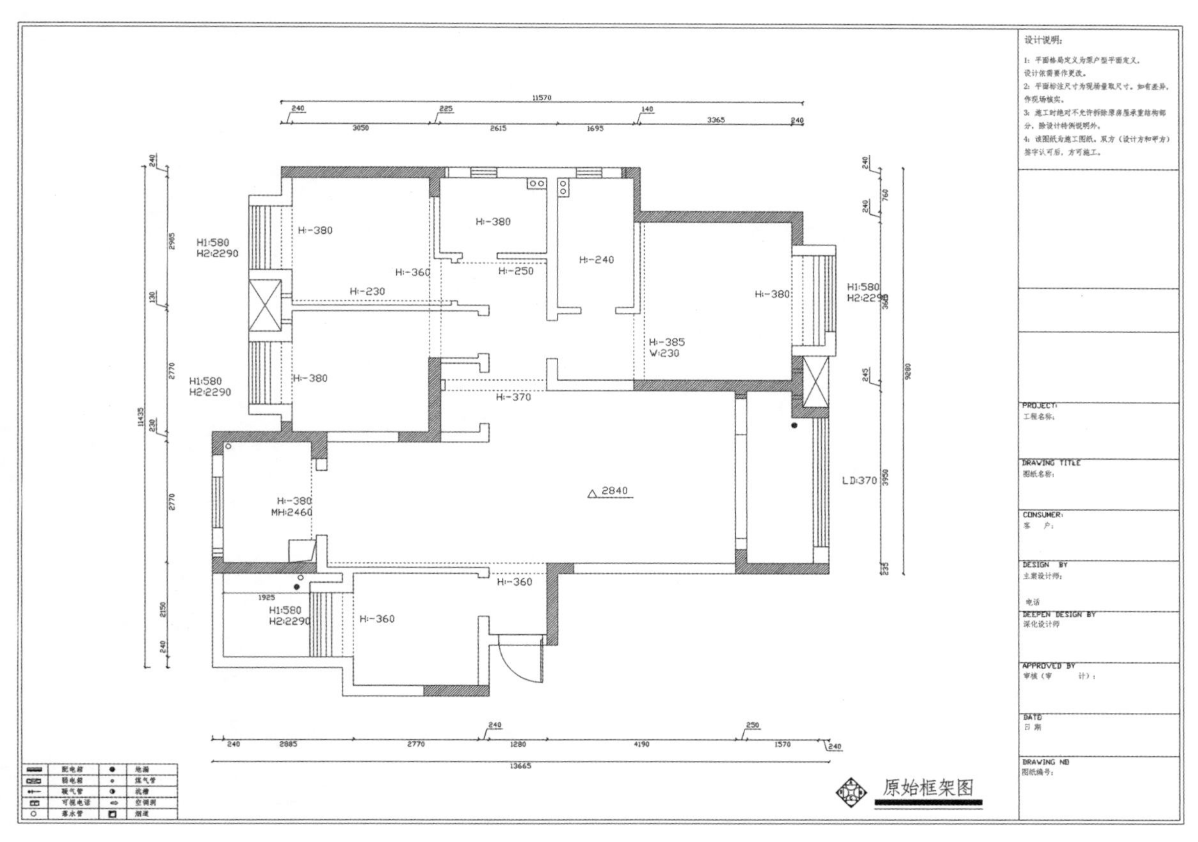

图 2-1 原始框架图

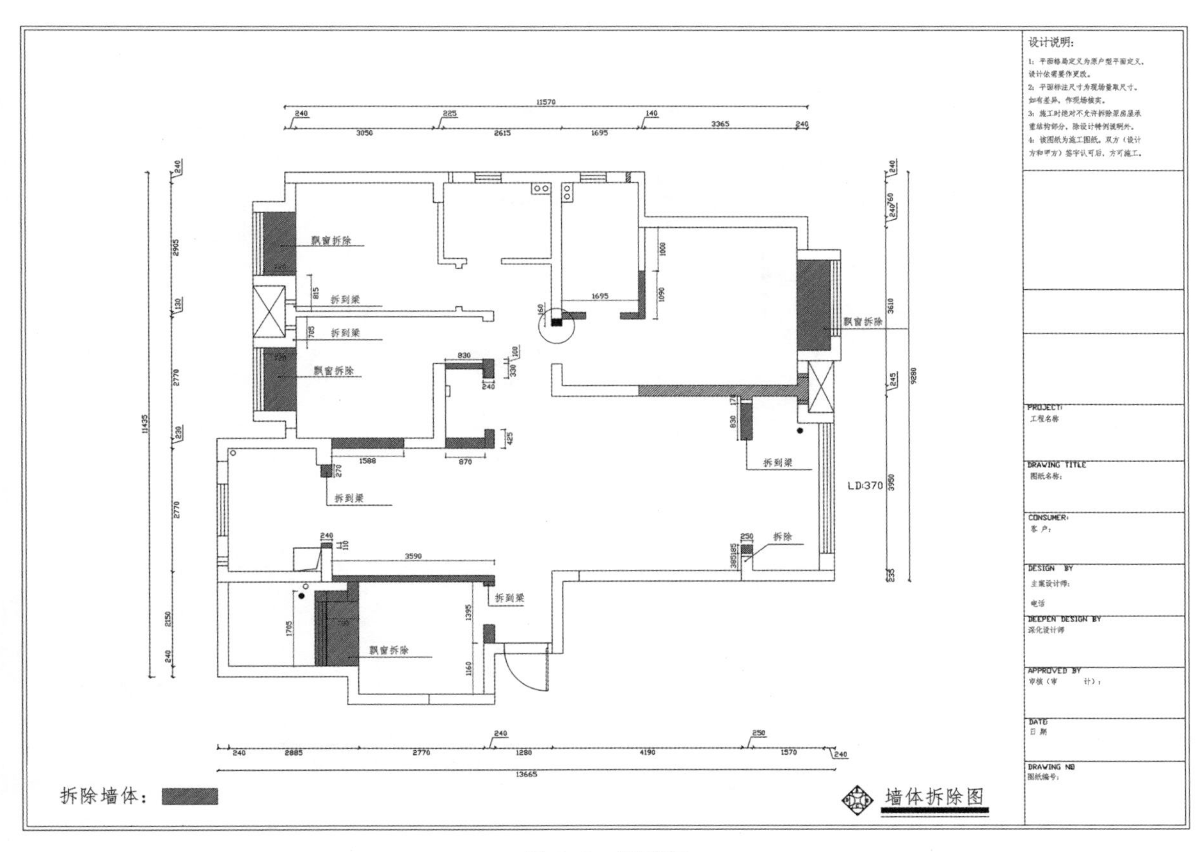

图 2-2 拆墙图

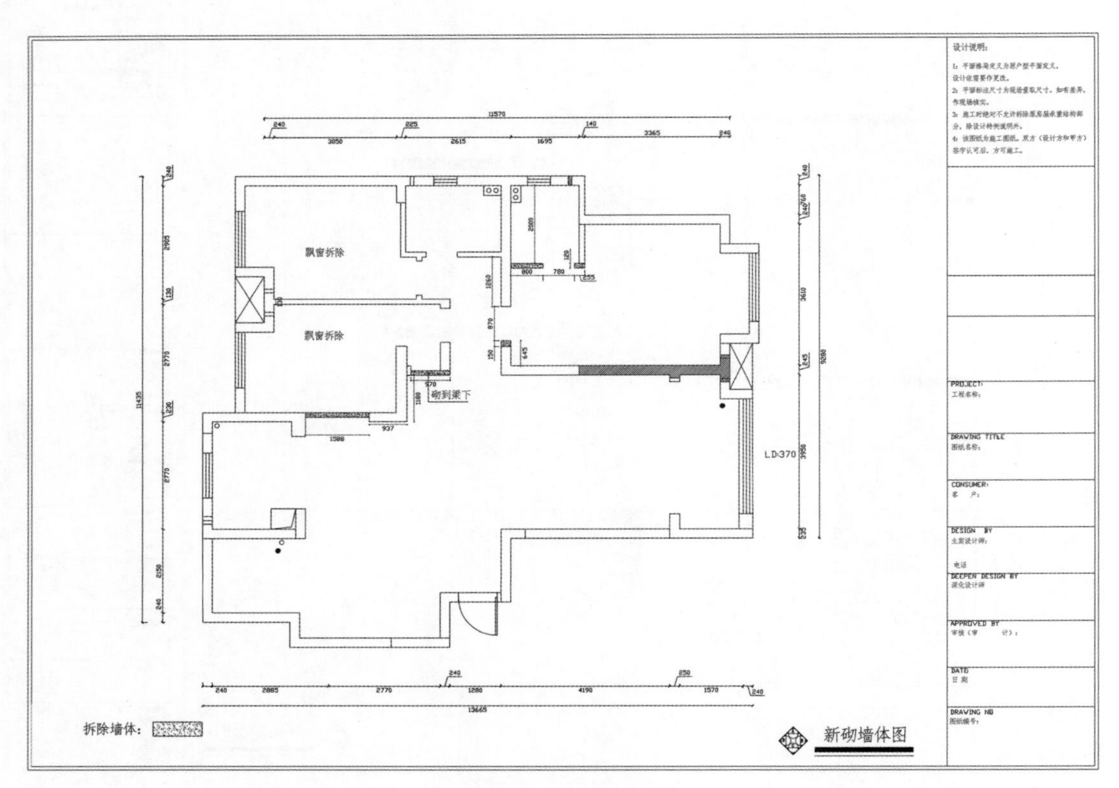

图 2-3　砌墙图

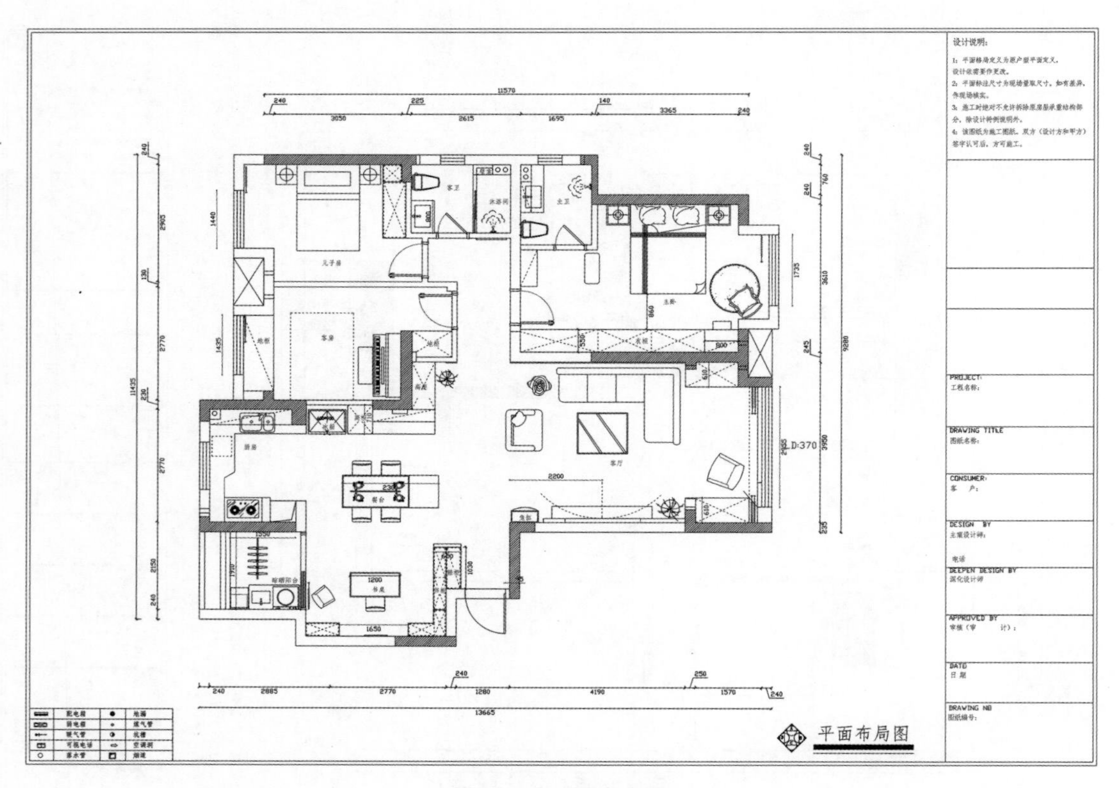

图 2-4　平面布局图

墙体改造施工过程中需要注意的施工要点有以下几个方面：

一、“砖混”结构建筑

对于“砖混”结构的建筑，凡是预制板墙一律不能拆除，也不能开门开窗。厚度超过240mm以上的砖墙，一般都属于承重墙，不能轻易拆除和改造。承重墙承担着楼盘的重量，维持着整个房屋结构的力的平衡。如果拆除了承重墙，破坏了这个力的平衡，会造成严重的后果。

二、承重墙与轻体墙

室内装修中，除了承重墙是绝对不能拆的，轻体墙也不一定可以拆。有的轻体墙也承担着房屋的部分重量。比如，横梁下面的轻体墙就不可以拆——因为它也承担着房屋的部分重量。拆除一样会破坏房屋结构。完全作为隔墙的轻体墙、空心板就可以拆。因为隔墙完全不承担任何压力，存在的价值就是隔开空间；拆了也不会对房屋的结构造成任何影响。如果迫不得已非要拆承重墙，必须由原设计单位或者与原设计单位具有相同资质的设计单位给出修改、加固设计方案，方可对承重墙进行拆改。一定要确保加固是正确、有效的。

三、门框

门框如若是嵌在混凝土中的，不宜拆除。如果拆除或改造，就会破坏建筑结构，降低安全系数，重新安装门也比较困难。

四、阳台边的矮墙不能拆除或改变

一般房间与阳台之间的墙上有滑轨门窗的，这些门窗可以拆除，但窗两边的墙体不能拆，因为这段墙是“配重墙”，它就像秤砣一样起着挑起阳台的作用，如果拆除这堵墙，就会使阳台的承重力下降，导致阳台下坠。

五、房间中的梁柱不能改

梁柱是用来支撑上层楼板的，拆除或改造就会造成上层楼板下落，所以梁柱绝不能拆除或改造。

六、墙体中的钢筋不能动

如果把房屋结构比作成人的身体的话，墙体中的钢筋就是人的筋骨。在埋设管线时，如将钢筋破坏，就会影响墙体和楼板的承受力，如果遇到地震，这样的墙体和楼板就很容易坍塌或断裂，留下安全隐患。

知识拓展：承重墙小知识

什么样的墙是承重墙？

承重墙就是起着承重作用的墙体，所有承重墙都是需要经过科学的计算，在施工制作时，前期是钢筋铸型，后期由混凝土浇筑而一体成型的。

轻体墙、承重墙如何鉴别？

看户型图资料：在户型图上，一些标记为黑色的墙体为承重墙，是不能拆除的；而有些则为白色或灰色的，为非承重墙，可以根据业主的实际需求进行拆除。

看房屋的结构：一般地讲，砖混结构房屋的墙体都是承重墙；框架结构的房屋外墙是承重墙，内部墙体多不是承重墙。

通过声音判断辨别：敲击墙体，有清脆的大回声的，是轻墙体；声音较沉闷的，多是承重墙。

通过厚度辨别：在户型图上，轻体墙的墙体厚度明显画得比承重墙薄，通常厚度在 100 ～ 130mm，也有 200 ～ 240mm 后期砌筑墙体，这样的墙体也是可以拆改的；承重墙都较厚，仅次于外墙，其厚度一般在 240mm 左右，对于厚度在 240mm 左右的墙体，判断是否为承重墙，需要在工地现场进一步确认。一般来说，承重墙体是砖墙时，结构厚 240mm，寒冷地区外墙结构厚度可达到 370mm，混凝土墙结构厚度 200mm 或 160mm，轻体墙厚 12mm、10mm、8mm 不等。

通过部位辨别：外墙通常都是承重墙；和邻居共用的墙也是承重墙。

二手房改造安全提示

二手房，尤其房龄超过 10 年以上的二手房，总是存在户型不合理、面积太小、功能分布不佳、电线老化、采光不合理等情况，因此，许多业主会对原有结构进行改造，尤其是旧房改造工程，有的旧房可能时间年限比较长，属于砖混结构，那么墙体起到承重抗震作用，需要十分谨慎。此外，厨房和卫生间的地面都有防水层，如果破坏了，水会渗到楼下，在更换地面材料时，一定注意不要破坏防水层。万一破坏了，切记尽快修建，并做 48 小时渗水实验，即在厨房或卫生间中灌水，如果 48 小时后不渗漏方算合格。

部分墙面打孔

墙面拆改工序中，有时候因水管采用“走天”布线法，需要从梁穿墙而过（图 2-5）；有时候因墙体拆除引起原有排气孔或者空调孔需要移位（图 2-6、图 2-7），此时需要在墙面用专业打孔机（图 2-8）重新打孔，一并完成前期拆改工作，如果后面再来打孔，一是会增加装修成本，二是会影响装修效果。

图 2-5　水管穿墙打孔

图 2-6　排气孔二次打孔

图 2-7　空调孔二次打孔

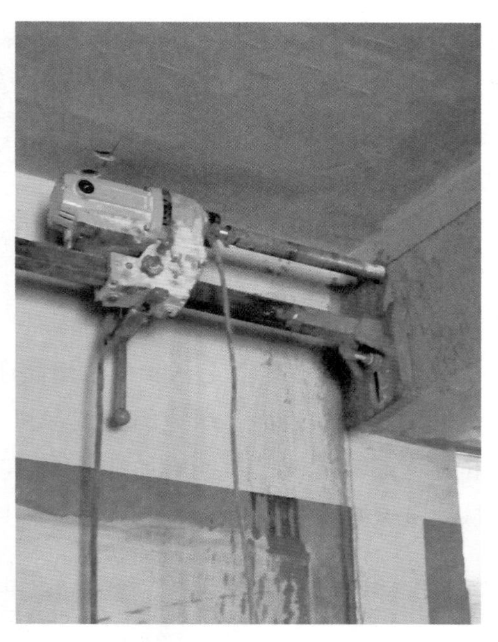

图 2-8　专业打孔设备

第二节　黄墙绿地

墙体改造工程完成后，施工师傅清渣清场。接下来就可以涂刷墙面、地面界面剂了，也称为墙固、地固。也就是我们经常在施工工地看到的黄色的墙、绿色的地，简称“黄墙绿地”（图 2-9）。

图 2-9　黄墙绿地

界面剂属于基层辅料，它本身是一种绿色环保、无毒无味、高性能的界面处理材料。通过对物体表面进行处理，该处理可能是物理作用的吸附或包覆，也可能是化学的作用，目的是改善或完全改变材料表面的物理技术性能和表面化学特性。常用的界面剂可分为 4 种工艺类型：湿润与浸渍、涂层处理 、偶联剂处理以及表面改性。

市场上的界面剂分墙地面通用型、墙面专用和地面专用。传统透明色的界面剂，容易漏涂，随着装修升级，需求多元化，界面剂后面添加了色彩，墙面界面剂黄色，地面界面剂为绿色。墙固有非常好的渗透性，能充分浸润墙体基层表面，巩固基层同时增强表面涂料的附着力；如果墙面贴墙纸墙布，那么粘贴时会更容易平整，不易起褶；同时墙固还可以降低墙面日后开裂；刷于墙上也可以凝固浮灰；绿地是绿色地固刷完后的地面，绿地的施工有利于固灰，将松散的灰尘颗粒硬化封闭，让地面形成紧密整体，防止地面起沙起灰；也能增加地面铺砖时的粘贴力，对铺贴地板来讲，也可以很好地防止后期地面灰尘从地板缝隙跑灰到表层，造成地板灰多（图 2-10 ～图 2-12）。

图 2-10　墙面加固剂

图 2-11　地面加固剂

图 2-12　通用性墙地固

第三节　案例分析

一、项目情景描述

业主蔡先生在某小区购买住房一套，建筑面积 118m^2，三室两厅两卫一厨一阳台，户型方正。常住人口 3 人，夫妻俩人带 3 岁多的男孩，父母偶尔过来小住。夫妻俩工薪上班族，平时工作较忙碌，决定找装饰公司完成家庭半包装修。经过一番综合比较，夫妻俩最终选定一家装饰公司，在和设计师进行一番深入沟通交流后，确定采用现代简约装修风格，并对各功能空间的平面布局方案达成一致，签订了半包装饰装修合同，装饰公司提供了全套施工图方案以及报价方案。

业主结合生活习惯及需求对户型空间进行了部分优化，对部分墙体进行了改造。

下面我们以施工流程作为时间节点，来看看业主家的装修进度情况。

二、原始框架图

如图 2-13 所示，是业主家的原始框架图，从图中我们看出该户型方正，标准的三室两厅两卫一厨一阳台户型结构。

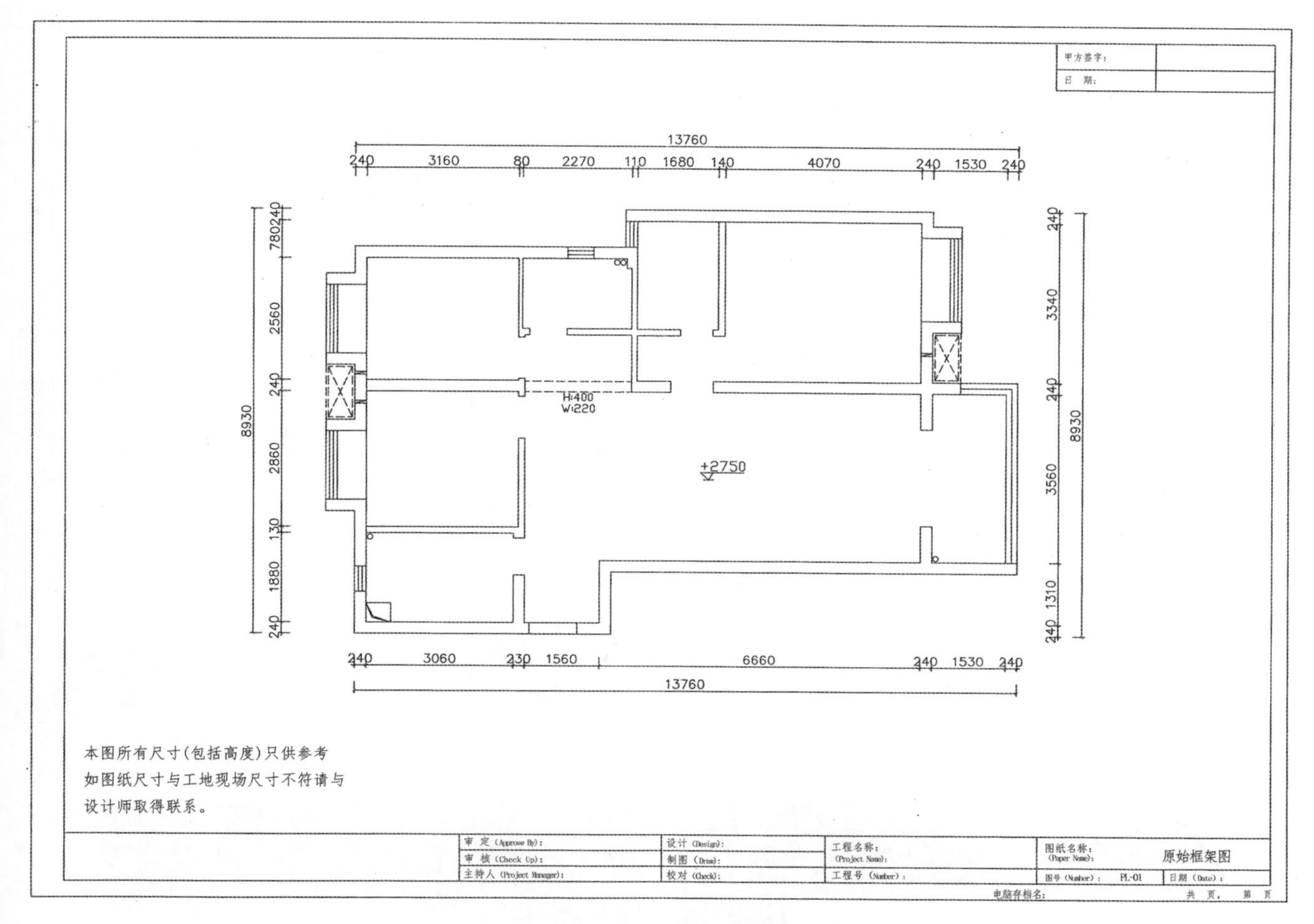

图 2-13　原始框架图

设计师在和业主对其需求进行深入沟通交流后，最后达成改造方案如下：增加厨房面积，改造成 U 型格局厨房；厨房单开门拓宽成双开移动滑门；配电箱移至鞋柜内隐藏起来；拆除客厅和阳台之间的滑门，让客餐厅阳台一体化，增加通透感；拓宽主卫、客卫的门洞，并将所有房间门洞加高。

三、拆除墙体图

如图 2-14 所示，从拆除墙体图中可以看出，厨房改造比较大，业主希望增大厨房面积，同时将原来的单开门改为双开玻璃滑门，考虑厨房入户 230mm 厚墙，现场经施工人员确认为后期砌筑墙体，可以全部拆除。厨房和儿童房之间的 130mm 隔断墙做了 L 型拆除；阳台滑门拆除后，墙体进行了部分拆除，保留至左右两边内墙深度 600mm，对门洞进行了拓宽处理；主卫、次卫门洞拓宽至 800mm；从施工现场来看，室内所有房间门都进行了改造，改造效果是房间门洞加高到与梁平齐；考虑只有一个阳台，主要作用于生活阳台，阳台墙面后面做瓷砖铺贴。所以前期改造时，需要进行墙面打毛工艺，以增加后期铺贴瓷砖时，水泥沙浆与墙面的黏贴度。现场改造施工如图 2-15 ～图 2-22 所示。

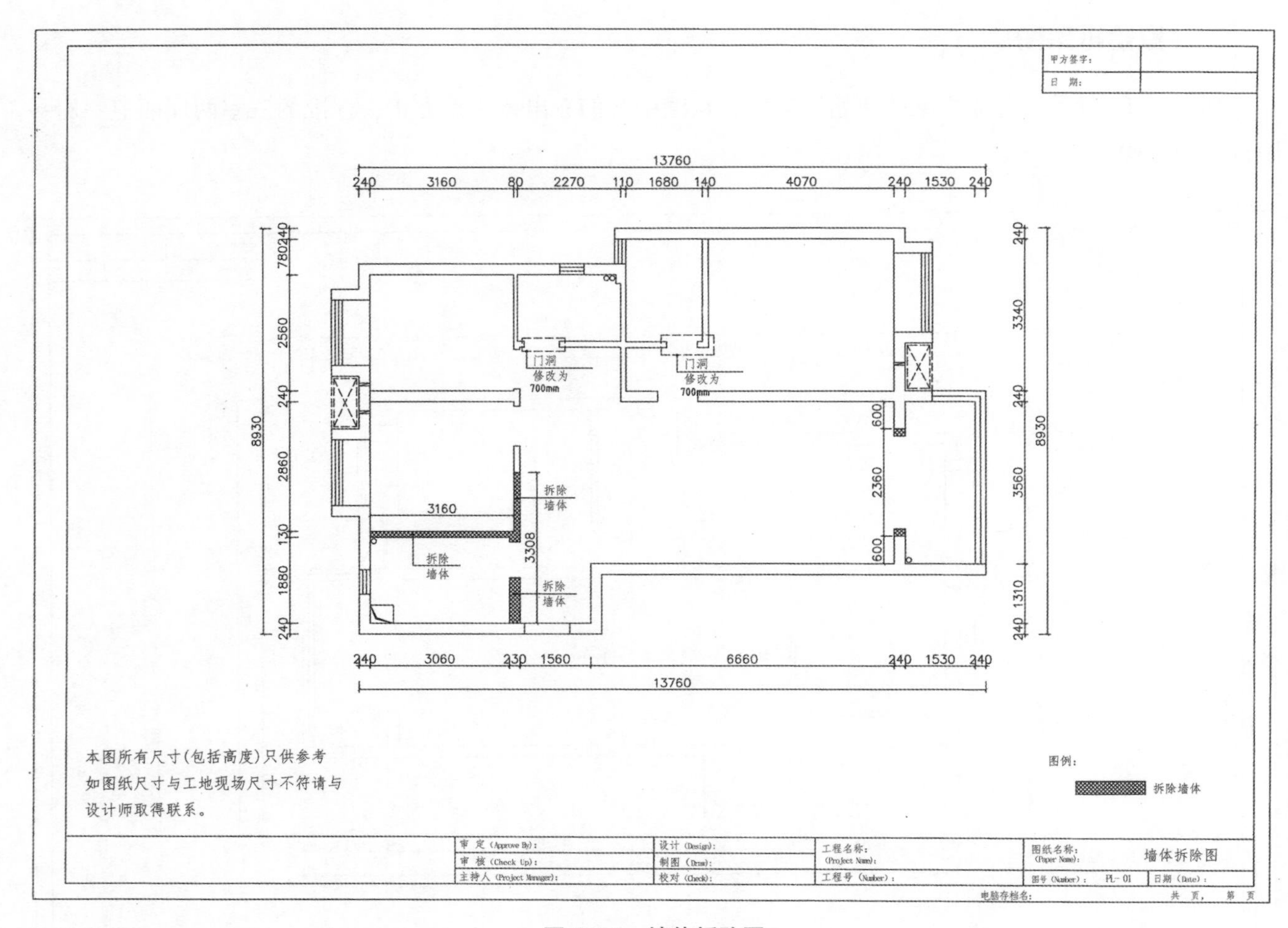

图 2-14 墙体拆除图

图 2-15 入户拆改实景图

图 2-16 厨房改造

图 2-17　儿童房改造

图 2-18　次卧门洞改造

图 2-19　次卫门洞改造

图 2-20　拆滑门拓宽门洞

图 2-21　阳台墙面打毛

图 2-22　阳台拉网

四、新砌墙体图

如图 2-23 所示，是新砌墙体图和新建门垛，厨房入口采用轻质砖砌 120mm 墙体；厨房净宽增加 380mm，与儿童房之间用轻质砖砌 120mm 墙体；儿童房原房间门用轻质砖砌上，改变门洞开口位置；同时次卫干区部分用轻质砖砌宽度为 550mm 的 120mm 墙体。现场施工如图 2-24 所示。

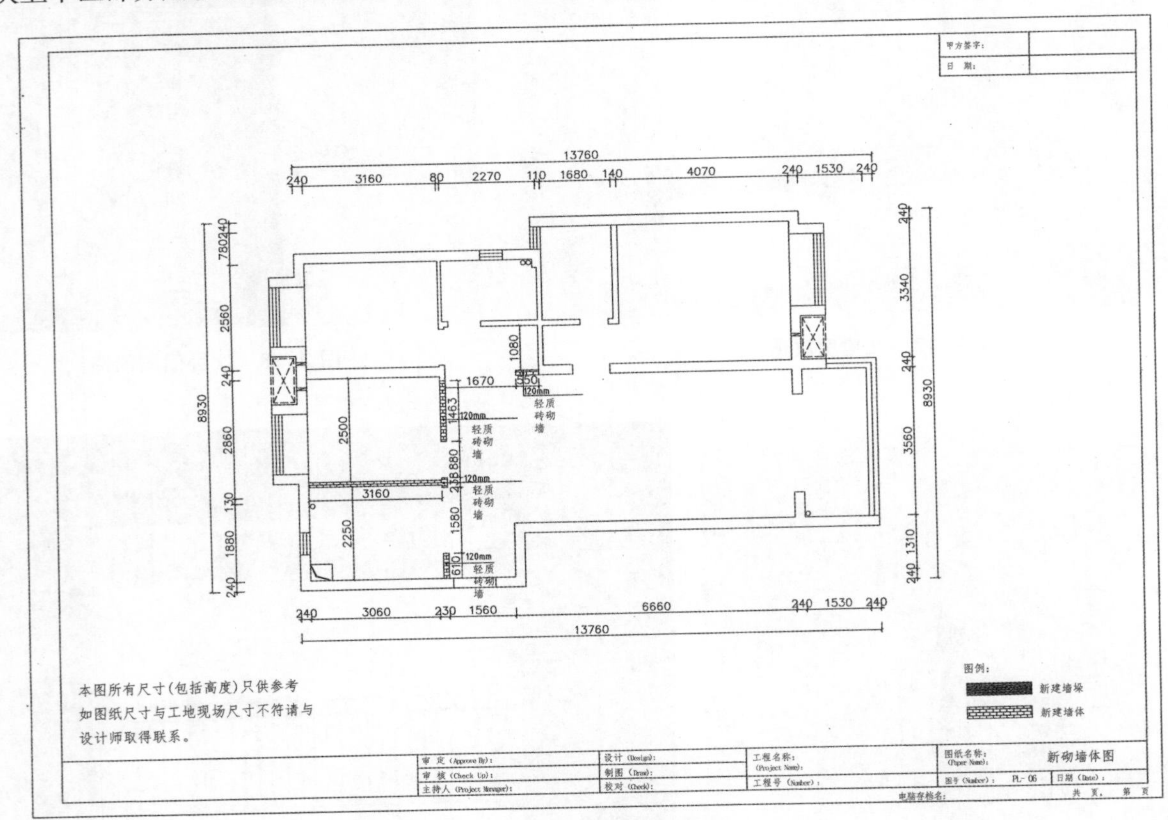

图 2-23　新砌墙体图

图 2-24　厨房新砌墙体

五、平面布局图

经多次沟通交流后，形成最终的平面布局图，如图 2-25 所示。

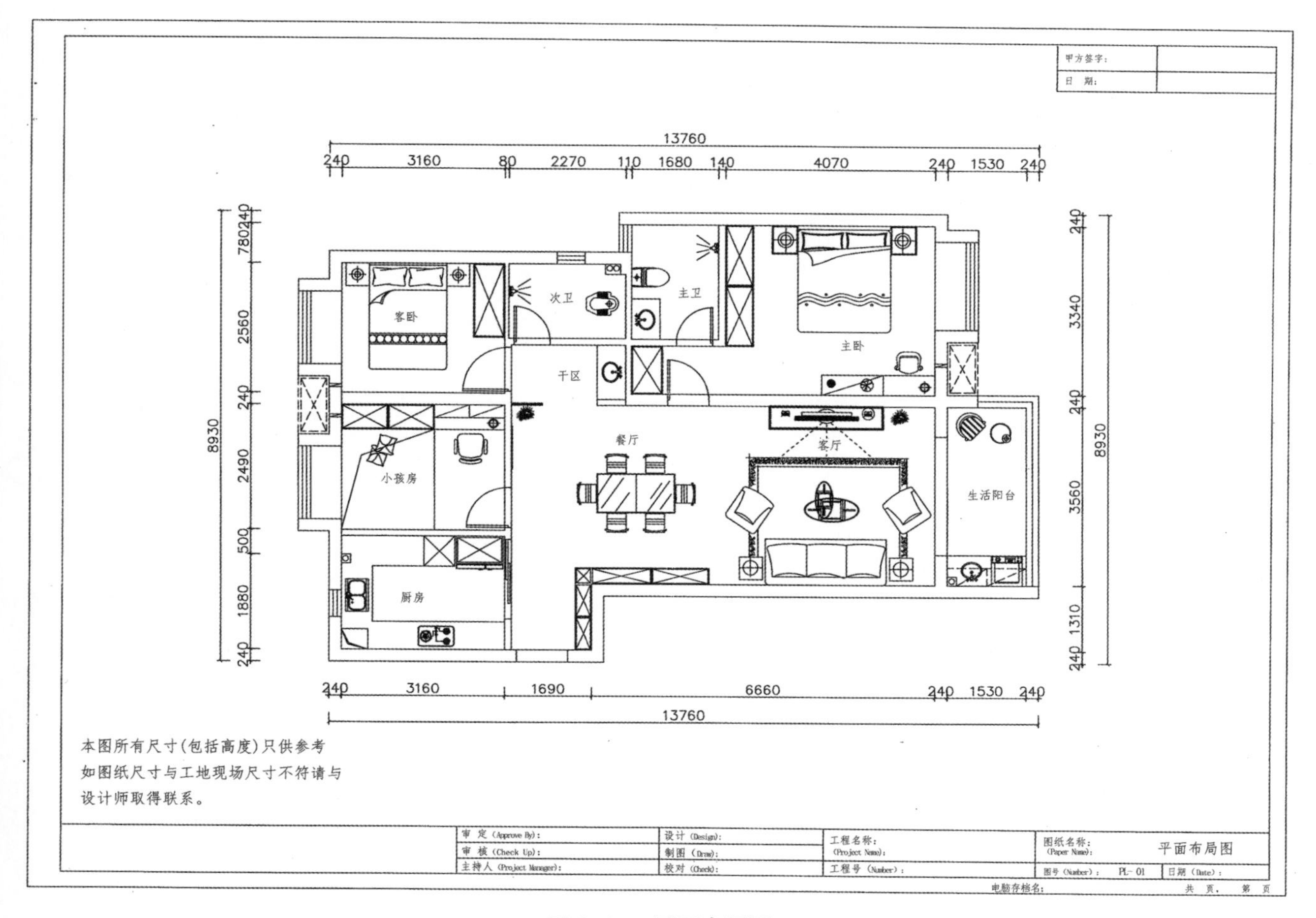

图 2-25　平面布局图

思考与练习

1. 认真分析案例户型的全套施工图方案，并作出评价。如果你是设计师，你会做出何种设计？写出你的设计思路。
2. 总结、归纳哪些墙体可以打拆？哪些墙体不能打拆？判断标准是什么。

第三章

水电工程

【本章教学项目任务书】

<table>
<tr><td></td><td>能力目标</td><td>知识目标</td><td>素质目标</td></tr>
<tr><td>教学目标</td><td>能对水路线、开关插座图以及灯线施工图进行有效分析与评价，以及准确表述施工方案</td><td>（1）了解水电材料的分类
（2）掌握电改造施工要点
（3）掌握水改造施工要点</td><td>（1）培养学生严谨、细致的学习作风
（2）发现问题并解决问题的实践能力
（3）培养学生口头表达能力</td></tr>
<tr><td>重点、难点及解决办法</td><td colspan="3">重点：水、电材料，水、电改造施工要点
难点：水、电材料，水、电改造施工要点
解决方法：
（1）搜集各种线径电线，让学生加强对电线实体的认识
（2）展示工地拍摄图片，让学生认识水电材料
（3）带学生到施工工地，现场讲解水电施工流程及施工要点</td></tr>
<tr><td>教学实施</td><td colspan="3">（1）展示已签单落地的水电图案例，欣赏与分析案例，了解户型的水电改造施工方案
（2）小组讨论合作，每组提供模型图，对照模型图做水电布置方案
（3）通过 PPT、视频以及拍摄的水电施工现场图片讲解施工流程及施工要点
（4）带学生进工地，现场讲解水电施工要点
（5）分小组模拟施工班组，以组长为项目经理，组员为监理，在工地完成实践任务
任务 1：对照水管布线画出户型的水路图；
任务 2：分别沿着强、弱电线管走一遍现场，复盘出户型的强弱电的布线图；
任务 3：按空间清一清、数一数开关、插座的点位数
（6）通过学习布置课后拓展作业</td></tr>
</table>

水电工程改造对象多是针对毛坯房和二手房，当然目前市面上很多房地产商交房时都是精装修房，相对毛坯房和二手房来说，精装修房完成了水电工程，但是可能部分水电位不能满足业主需求，也是需要进行水电改造的。本章主要讲解水电工程项目，以下先从认识水电材料入手，再来学习水电施工工艺。

第一节　PPR 给水管

水路改造中主要包括给水和排水，其中又以给水最为重要。PPR 给水管是目前室内装饰中应用最广泛的一种管道材料，在居住空间水路改造更是普遍。水路改造多是以暗装形式埋在地面或墙面，所以水路材料选择一定要慎重。

一、PPR 给水管的主要种类及其应用

“水质好不好，关键看管道”，我们常有这样的经历，一段时间没有使用水龙头再打开时，会流出锈水，这是管材污染水质的证据。PPR 管是目前室内装修应用最流行、最广泛的一种给水管材料。PPR

是英文“无规共聚聚丙烯”（Polypropylene-Random）的简称，俗称三型聚丙烯。PPR 管是继镀锌管、UPVC 给水管、铝塑管、PE 管、PE-X 管、PERT 管后的更新换代产品。由于 PPR 管使用无规共聚技术，使聚丙烯的强度、耐高温性得到很好的保证，从而成为水管材料的主力军。

（一）PPR 管种类及特点

目前市场上给水管大概可以分为以下几种：一种是目前最常用的 PPR 水管（图 3-1），还有铝塑管、PERT 管、PB 管、镀锌管，甚至还有铜管等，种类比较多。其中 PPR 管在市场占有率比较大，比较主流。PPR 热水管加厚以后可以保证稳定性，不容易在今后冷热交换中出现损坏。PPR 管除了具有一般塑料管重量轻、耐腐蚀、不结垢、使用寿命长等特点外，还具有无毒、卫生；保温节能；较好的耐热性；安装方便，连接可靠；物料可回收利用等特点。

PPR 管，采用热熔连接的方式，有专用的焊接和切割工具，有较高的可塑性。一般用于内嵌墙壁或者架在吊顶层。由于 PPR 管长度有限，施工时不能弯曲，在管道铺设中遇到距离长或者转角，就要用到大量配套的接头配件。这些小配件种类繁多，常用的有三通、管套、弯头、直接等（图 3-2），这些配件起着连接、分口、弯转 PPR 管的作用，可以根据施工的具体需要选用。

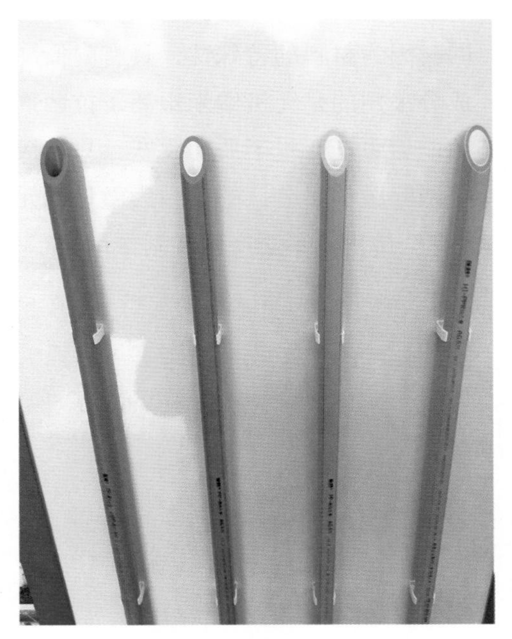

图 3-1　PPR 给水管

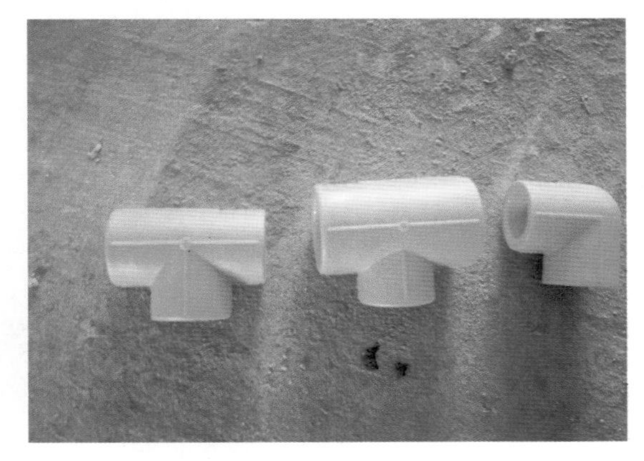

图 3-2　水管配件

（二）PPR 管应用

市面上销售的 PPR 水给管主要有三种颜色，白色、绿色和灰色，PPR 管的管径从 16 ～ 160mm 都有，室内家装中用到的主要是 20mm 和 25mm 两种，分别俗称 4 分管和 6 分管，其中 4 分管用到的更多。PPR 管分冷水管和热水管，一般冷水管管壁上有一条蓝线，热水管管壁则是一条红线。目前室内装饰工程中需要使用冷、热水混用的水管，统一使用 PPR 热水管，冷水管多用热水管所替代。这也是装饰公司施工工艺标准提升的一个标准。

通常来说，水管最容易出现的问题就是渗漏，而渗漏最容易出现的地方就是在管材和接头的连接处。PPR 管最大的优点在于能够使用热熔器将管材和接头热熔在一起使其成为一个整体，这样就最大限度地避免了水管的渗漏问题。同时，PPR 管热熔技术还具有施工方便的优点，即插连接，无需套丝，数秒钟就可完成一个接头连接，所以格外受到市场的推崇。

二、PPR 给水管的选购

优质 PPR 管采用 100%进口 PPR 原材料，劣质管只采用部分 PPR 原材料，两者在性能方面有着很大差别，体现在以下几个方面：使用寿命上，优质产品质保 50 年，劣质产品只能五六年。外观上，优质管外表光滑，标识齐全，配件上也有品牌名称；而劣质产品做不到这些。韧性上，质量好的 PPR 管韧性好，可轻松弯成一圈而不断裂。热胀冷缩性能上，优质的水管在高水温下仍可保持硬度，而劣质管则在 60℃水温下就被软化。

水管在经过长期的使用后，积累的水垢杂质，附着在管道内壁滋生微生物，当水管中水流慢或停流时，微生物将演变成细菌附着管壁内经过一段时间的繁殖形成菌群，使水质下降，由于这些管道缺乏抑菌、抗菌功能，易滋生细菌，造成饮用水的“二次污染”。目前市场上已经有了三层纳米环保抑菌 PPR 家装水管及配套产品。这类产品已经逐步成家装市场的主流产品。

三层纳米环保抗菌管是由三层复合材料共挤而成，如图 3-3 所示。外层为进口增强 PPR 原材料。中间层为进口玻纤加强料，能提高阻光率，抵抗紫外线辐射，同时因为材料的特殊性，具有耐低高温的特性，可以杜绝爆管等种种现象的发生。内层为纳米抗菌层，成分采用的是无机纳米银离子抗菌剂，银离子在纳米状态下，大大增大了银离子与外界的接触面，其杀菌能力更是产生了质的飞跃，只用极少量的纳米银离子即可产生强力的杀菌作用，纳米银离子的安全性是国际医学界公认的，因为微量银元素本来就是人体必需的重要元素之一，银离子杀灭细菌后，会从体内完全排出，不会产生毒副作用。

图 3-3　三层环保纳米抗菌管

三、其他水路材料

在水路改造的时候，大部分人选择使用 PPR 三层环保纳米抗菌管，是目前水路改造的首选材料，除此之外，还有以下水路管材。

（一）PVC（聚氯乙烯）管

PVC 管有 PVC 和 UPVC 两种。UPVC 可以理解为加强型的 PVC 管，是很普遍的一种水管，一般用在排水管和电线套管。PVC 材料中有些化学元素对人体器官有较大的危害性，同时抗冻和耐热能力都不好，其强度不能适用于水管的承压要求。因此只有下水管可以使用该类水管，其他类型管道不再使用该类管材。

（二）镀锌钢管

国内早期的水管都是镀锌钢管，尤其在 20 世纪八九十年代建筑装修的房子中，都是使用的镀锌钢管。后来国家发文禁用镀锌管作为供水管，新建小区的冷水管已经很少使用镀锌管了。镀锌铁管长时间的使用，会产生很多的锈，流出的锈水不仅污染洁具，而且夹杂着不光滑内壁滋生的细菌，严重危害人体的健康，因此被禁用，但是一般煤气管道、暖气管、下水管还是可以使用该类管材，而冷水管和热水管不要使用，现已被淘汰。

（三）铝塑管

铝塑管是几年前市面上较为流行，使用较为普遍的一种管材，材料比较轻、耐用，而且施工方便，其可弯曲性也很适合在室内装饰中使用。冷水管、热水管、暖气管道都可以使用该类管材。但长期作为热水管使用时会造成渗漏。

（四）铜水管

因卫生杀菌、经久耐用、美观可靠、易于安装、性价比好、绿色环保等优点，在发达国家中，铜水管系统占有很大的比例。在家里安装铜水管，对于维持人体正常铜元素需求的方法除了从膳食中获得以外，这也是经济方便的补铜途径之一。

第二节　电线

目前室内装饰工程中的电路改造都是采用隐蔽暗装的方式，电路线被埋在墙体内，一旦出了问题，维修麻烦，而且还会有安全隐患。因此在电线材料的选择和选购上需要特别注意，产品必须合格并达到电路改造的要求。

一、电线的主要种类及应用

电路改造材料中最为重要的就是电线，尤其是目前有不少电器功耗很高，甚至达到数千瓦以上，对于电线的要求也更高。不少精装修房在出售时电线路已经做好，虽然看不到电线，但还是应该检查电线路质量，如可以查看插座和电线是否来自正规厂家的品牌产品、住宅的分支回路有多少个等。一般来说，普通住宅都会有 8 ～ 15 个回路，分支回路越多越好，空调、冰箱、卫生间、厨房、每个单独卧室等最好都要有专用的回路。对应的回路分支有空调专用线路、厨房用电线路、卫生间用电线路、普通照明用电线路、普通插座用电线路等。电线分路可有效地避免空调等大功率电器启动时造成其他电器电压过低、电流不稳定的问题，同时也方便分区域用电线路的检修，即使其中某一路出现跳闸，不会影响其他路的正常使用，避免了大面积断电问题。

（一）概述及分类

电线也称导线，常用的电线按用途可分为裸导线和绝缘电线。两种主要区别在于导线外面有没有覆盖绝缘层，裸导线由于没有外皮，一般用于户外高压输电线路；室内供电线路常用的为绝缘电线。绝缘导线按其绝缘材料不同，又可分为塑料绝缘导线和橡胶绝缘导线；电线按照股芯的数量还可以分为单股线和多股线；按线芯导体材料不同，可分为铜芯导线和铝芯导线。铜芯导线型号为 BV，铝芯导线型号为 BLV。一般来说，室内装饰工程中，铜芯 BV 电线是最常用的材料，又因电线外面都会有一层塑料绝缘层包裹，全称为塑料绝缘铜芯电线，简称 BVV，是室内中最为常见的电线品种。电线还分为火线（也称相线）、零线和接地线（也称保护线或保护地线）三种。火线一般都使用红色（可备选黄色），零线一般使用蓝色、绿色，地线使用黄绿双色，如图 3-4 所示。

图 3-4　电线

（二）电线的线径

室内装修用电线根据其铜芯截面大小可以分为 1.5mm²、2.5mm²、4mm²、6mm² 等，长度通常一卷为 100m+5m。电线截面大小代表电线的粗细，直接关系到线路投资和电能损耗的大小。截面小的电线价格较为便宜，但线路电阻值高，电能损耗随之增加。反之，截面大的电线价格较贵，但是却可以减少电能损耗。电器功耗越高，需要采用的线径越大。一般情况下，空调、厨房、电热水器、按摩浴缸等大功率电器插座均要走专线，其电线多为 4mm² 电线或线径更粗的电线；普通照明灯具国家标准用 1.5mm² 电线，实际施工中多用 2.5mm² 的电线；插座用线多选用 2.5mm²，可以采用串联方式，在没有超过负荷的情况下，可分区域串联多个插座。按照不同颜色分 2 组（火线和零线）；3 匹以上空调一般使用 4mm² 或以上规格多芯或单芯电线；进户总线一般使用 6mm² 或以上多芯或单芯电线。具体配置及使用数量可根据电工师傅要求选购。

（三）强电、弱电

电线有强弱之分，日常常见的为强电电源线，弱电电源线包括电话线、有线电视线、音响线、对讲机、防盗报警器、消防报警和煤气报警器等。弱电信号属低压电信号，抗干扰性能较差，所以施工时，弱电线应该避开强电线。国家标准规定，在安装时强弱电线要距离 ≥ 500mm，以避免干扰。

二、电线的选购

有很多火灾事故，事后调查有不少都是因为电线质量不过关或者线路老化以及配置不合理造成的。因此，在购买电线时要特别注意，以免造成不必要的危害。市场上电线品牌很多，价格也有很大差距，这也给电线的选购人员造成了很大的困扰，选购质量好的电线需要从以下几个方面考虑。

（一）看包装

看包装中是否有完整的合格证，合格证上应包括规格、额定电压、长度、日期、厂名、厂址等完整信息。看有无中国国家强制产品认证的“CCC”和生产许可证号；看有无质量体系认证书；看合格证是否规范；看电线上是否印有商标、规格、电压等（图 3-5）。

图 3-5　电线合格证

（二）检查电线尺寸

在相关尺度中划定，电线长度的误差不能超过 5%，截面线径误差不能超过 0.02%，市场上存在着大量在长度上短斤少两、在截面上弄虚作假的现象，一定要仔细检查。

（三）看铜芯的颜色

合格的铜芯电线，铜芯应该是紫红色、有光泽、手感软。而伪劣的铜芯线铜芯为紫玄色、偏黄或偏白，导电性能差，使用过程中容易升温引起安全隐患。

（四）看绝缘胶皮

电线外层塑料皮要求色泽鲜亮，质地细密，用打火机点燃应无明火，可取一截电线用手反复弯曲，优质的电线手感柔软，弹性大且塑料外皮无龟裂状；伪劣电线绝缘层看上去好像很厚实，实际上大多是用再生塑料制成的，只要稍用力挤压，挤压处会成白色状，并有粉末掉落。

（五）看电线重量

质量好的电线，一般都在划定的重量范围内。如常用的截面积为 1.5mm^2 的塑料绝缘单股铜芯线，每 100m 重量为 1.8 ～ 1.9kg。

（六）看品牌

正规品牌，质量都会更有保证。因此选购的时候，最好选择信誉良好的品牌产品，好的品牌会珍惜自身的品牌形象和品牌价值，不会做虚假宣传，而且更加注重品质和服务。

第三节　电线套管

电线套管，顾名思义是用来套电线的，由于电改造是暗装方式，电线是通过穿管方式来实现的，先将电线套管敷设好，再穿电线，以保证线路是“活”的，万一出现问题，方便日后维修（图 3-6）。

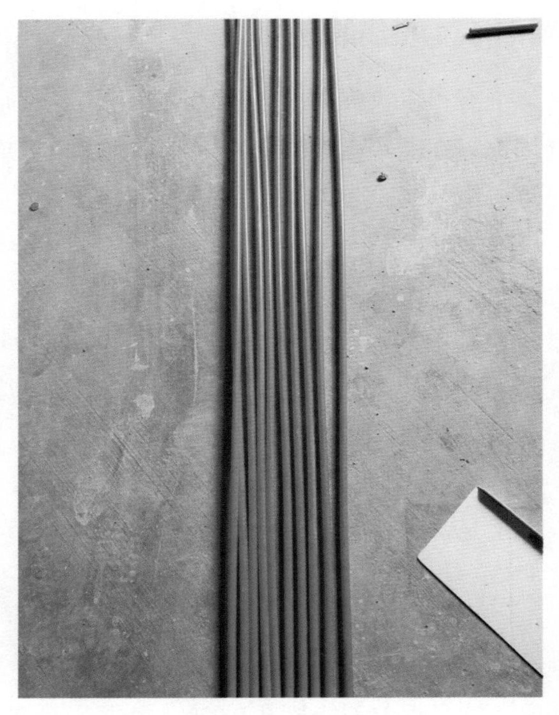

图 3-6　电线套管

一、电线套管

（一）方便电线拆装

如果把电线直接埋进水泥砂浆里，这就成了“死线”，后期如果要进行线路维护、更换和家庭智能化设备改装等，就很难实现。另外有一些室内装修，尽管使用了穿线管，但还是做成了“死线”，导致电线无法拆装。

（二）保护电线的绝缘层

如果直接埋进水泥砂浆中，水泥里的硅酸盐可能会腐蚀电线的绝缘层，导致电线绝缘下降，造成短路，而且一旦受潮，容易出现漏电的现象。

（三）防止火灾

线管能起到阻止火苗蔓延的作用，因为一般的线管是用阻燃材料做的，尤其是镀锌金属管等，本身不会燃烧，即使电线发生了漏电或短路的现象，也不会燃烧起来。

（四）电路散热

布线时，通常要根据用电负荷来选择导线的截面积，虽然一般都留有富余量，但仍避免不了偶尔短时间内的超负荷用电，如家里吃火锅、使用大功率电器等，电线还是会产生过高热量，而且随着电路的老化，电线的负荷能力会变弱，使用穿线管后，等于给了电线一个比较宽松的空间，就可以在很大程度上缓解电线发热。

（五）方便施工

如果直接铺设电线，不利于工人把握电路的走向，施工时，也很难保证电线横平竖直的排列，更无法做到相应的强、弱电距离间隔等规范。

二、电线套管的分类和特点

电线套管，其实也叫绝缘套管，是一种添加了绝缘材料的新型复合材料管，室内装饰工程中的电线套管一般使用 PVC 管为多。电线套管主要是考虑电线的绝缘、防潮、防腐和保持通畅等性能。PVC 电线套管管径常用的有 16mm 、20mm、25mm、32mm、40mm 和 50mm 等，装修用多为 20mm 和 25mm，俗称 4 分管和 6 分管。按照国家标准，电线套管的管壁厚度必须达到 1.2mm。此外出于散热的考虑，管内穿插电线的总截面积不能超过 PVC 电线套管内径面积的 40%，因为如果某根电线出了问题，可以从 PVC 管内将该电线抽出，再换一根好的电线。但是如果 PVC 管中穿了过多的电线，那就很难抽出出了问题的那根电线，这样会给维修造成很大麻烦。

电线套管具有良好的耐腐蚀性，使用寿命长，可在潮湿盐碱地带使用；阻燃、耐热性好，可在130℃高温下长期使用不变形，遇火不燃烧；强度高、刚度高，用在行车道下直埋无需加混凝土保护层，能加快电缆工程建设进度；电线套管无论是管材还是管件都具有一定柔性，能抵御外界重压和基础沉降所引起的破坏；具有良好的抗外界信号干扰性能。

三、电线套管的选购

电线套管对管内的电线起保护和绝缘作用，为了增加使用的安全性，电线套管在选择上也不能忽视，可以从以下三个方面选购：

（一）看

主要是看线管的标识及壁厚。好线管由于生产流程规范，其标识清晰规范，厂名、型号、批号、标准号等信息一应俱全，而且表面色泽亮丽、光滑，无杂质点，壁厚均匀符合标准；而劣质线管的外表标识混乱或无标识，表面色泽暗淡，杂质点多，壁厚偏薄。

（二）折

折弯线管检查。在折弯线管的过程中，如果线管一折就裂，一弯就破，这类线管就是劣质线管，产品韧性差、脆性大；而耐折弯，不破裂的线管，才是好线管，这类线管产品韧性好，反复形变不破裂，冷弯性能优。

（三）踩

直接踩踏线管是另一个判别线管质量的有效方法。

第四节　水电施工流程及施工要点

水电改造是指根据装修配置、家庭人口、生活习惯、审美观念等对原有开发商使用的水路、电路全部或部分更换的装修工序。水电改造又分为水路改造和电路改造。现在装饰施工中多以暗装形式进行水电改造。水电改造准备工作作为装修基本准备工作之一，直接关系到将来居住的舒适程度及安全性能的高低。水电工程在装饰工程完成后表面大多数是看不见，一旦出现大的隐患损失都比较大，而且维修起来往往会带有较大的破坏性。首先从设计思想方面必须把握安全性与舒适性并重的原则，做到有的放矢，避免造成后期损失。

一、水电改造设计

俗语"磨刀不误砍柴工"可以很好地形容水电设计的重要性。准确的水电改造设计方案是装修开工必备的基本条件之一。没有详细的水电改造走线方案仓促开工往往是盲目的，施工过程中会产生很多不确定性。水电设计人员还要根据做好的水电设计方案，现场及时做出工程量预算。根据设计方案和预算确定工程量，这样才能顺利施工完成。承担水电改造设计的人员素质直接影响将来居家环境舒适度，水电设计师必须经过岗前技能、安全操作培训，长期陪岗实习才能上岗操作。另外水电设计师除了必备专业知识外，还需要有比较丰富的生活历练，并了解尽量全面的装修基础知识，不具备这些基本条件是做不好水电设计的。

水电设计是建立在装修方案基本成熟基础之上的，水电改造设计前需要做好以下准备工作：

（1）做好各功能间的空间划分、平面家具布置、装饰性较强的造型吊顶布置图。如床、衣柜、电脑桌等设备的摆放位置及大小，餐厅餐桌的大小及摆放位置，视听室所需要的视听效果等。

（2）个人喜好的厨、卫各种电器，设备型号尺寸心中有数。如厨房整体设计方案直接关系到厨房水电方案的确定；如热水器的选择有很多种，燃气的、用电的、太阳能，壁挂炉供热水、24 小时小区供热水器系统等很多种。

如上所述，水电设计前需要自己对家庭装修所达到的效果有大体上的想法。要实现这个想法和设计师沟通很重要，可提议设计师到现场勘察。专业设计师会就现场情况提出更多合理化建议供业主参考，业主只需要掌握最终决定权，有选择性采纳意见，结果一定会不错。图 3-7 ～图 3-9 为水路图、插座布置图、灯线布置图示意。

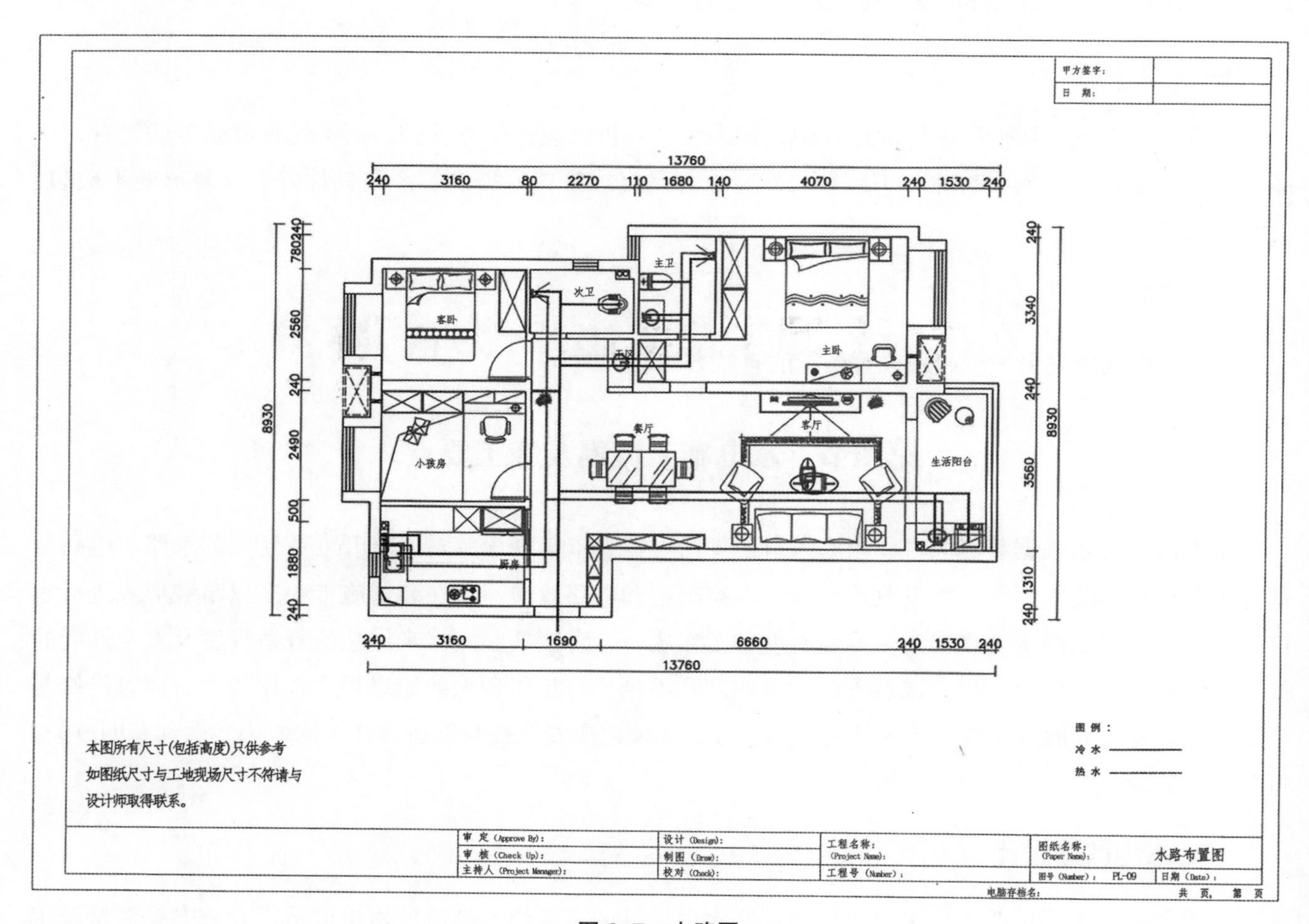

图 3-7　水路图

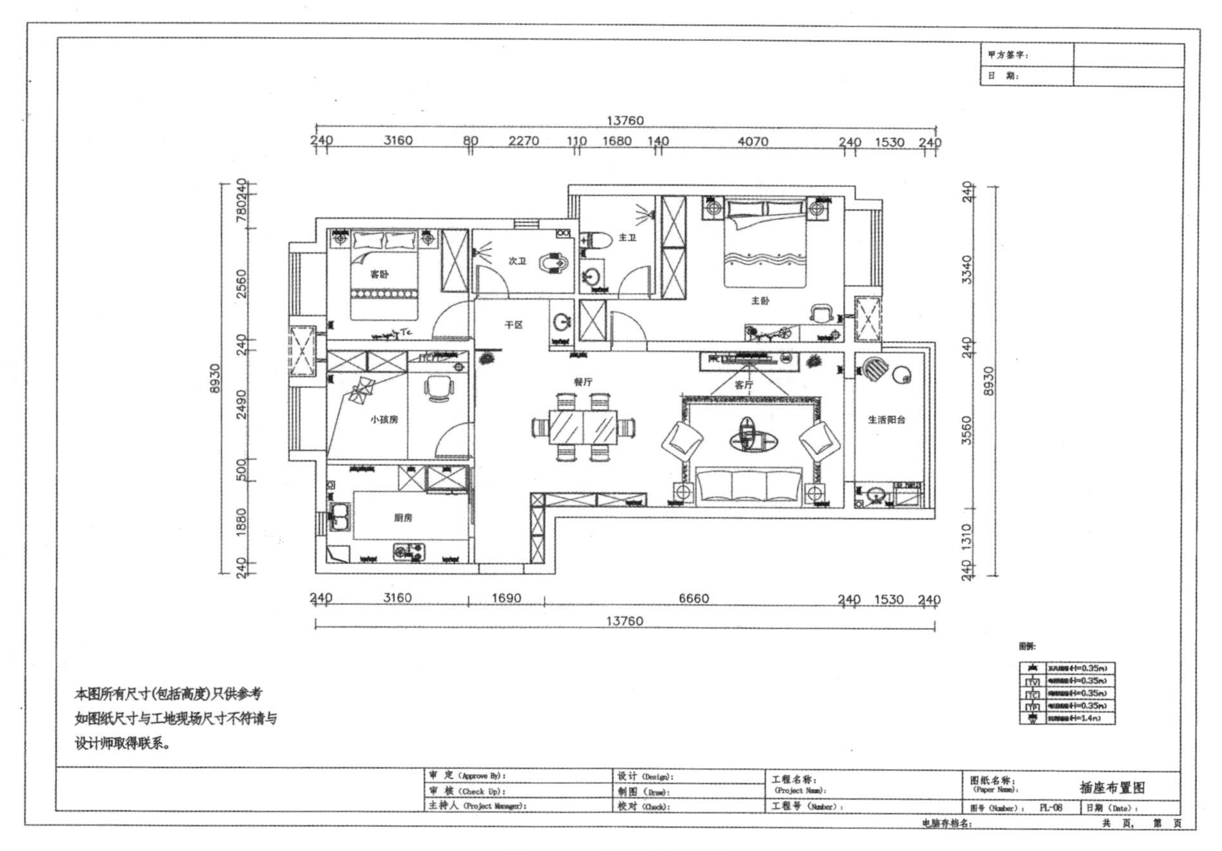

图 3-8　插座布置图

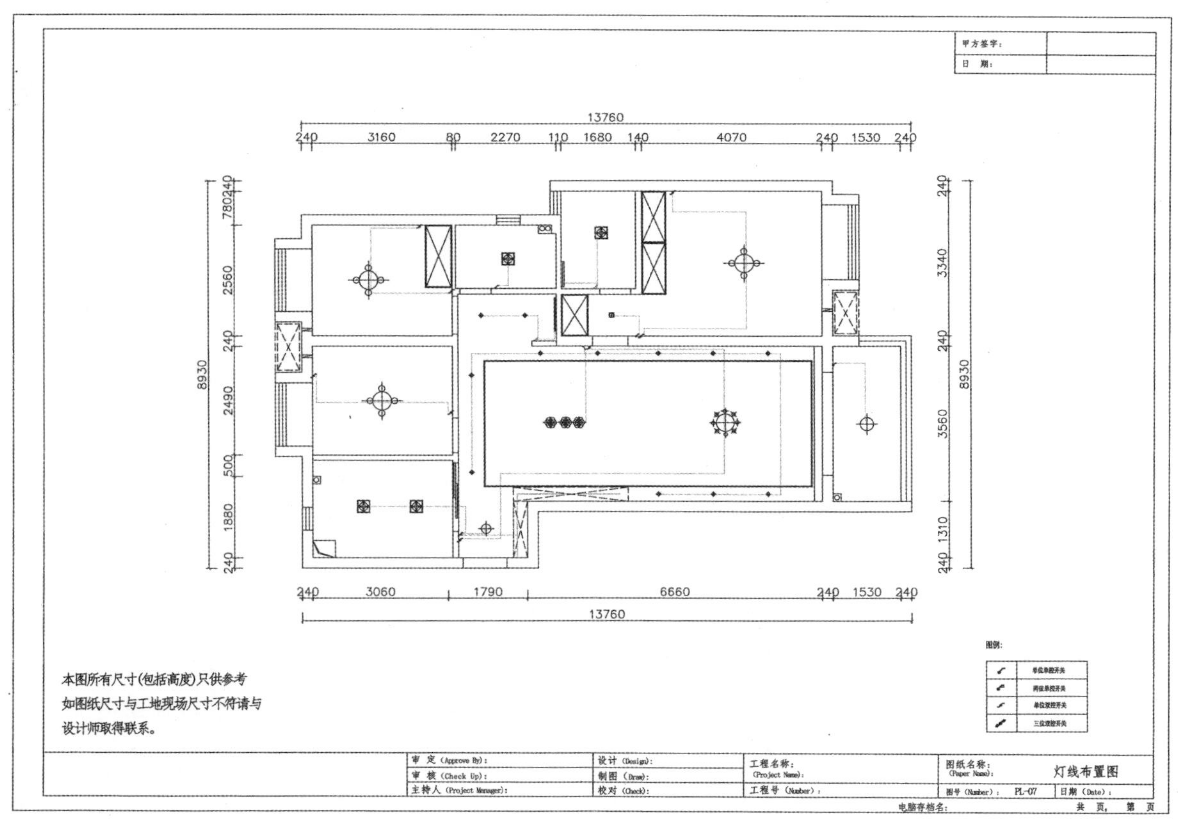

图 3-9　灯线布置图

知识拓展：居住空间水电改造设计时注意事项

1. 弱电宜采用屏蔽线缆方式，二次装修线路布置需要重新开槽布线，大多强弱电只能从地面走管，而且强弱电管交叉、近距离并行等情况很常见。如弱电采用非屏蔽线缆，可能会造成信号干扰。

2. 电路走线设计原则把握“两端间最短距离走线”原则，不故意绕线，保持相对程度上的“活线”。

3. 原则上如果开发商提供的强电电管是 PVC 管，二次水电改造时宜采用 PVC 管，不宜采用 JDG 管（套接紧定式镀锌钢导管），否则很难实现整体接地连接，从而留下后患。如果原开发商提供的强电电管本身就是 JDG 管，则两种管材均可使用。

4. 水电设计需要把握自己要求的水电路改造设计方案与实际水电系统是否匹配问题，如新住宅楼如果用到即热型电热水器、中央空调和其他功率特别大的电器，需要考虑从配电箱新配一路线供使用。

5. 厨房水电设计需要橱柜设计图纸配合加上安全性评估成案。

6. 水电设计时一定要掌握厨房、卫生间及其他功能间家具、电器尺寸及特点，才能对水电改造方案做出准确定位。

7. 普通住宅水电设计设备功能参考配置，以三室两厅一卫一厨普通配置为例，大户型以此类推。

（1）厨房正常设备：电饭煲、微波炉、抽油烟机、某些需要电源的灶台、操作台备用、水盆下备用电源；热水器（壁挂炉、橱宝）电源及给回水。

（2）厨房有选择性设备：烤箱、消毒柜、冰箱电源、洗衣机电源给排水、软（净）水机电源给排水、厨宝电源给水、洗碗机电源给排水、橱柜灯电源、背景音乐音箱。

（3）卫生间正常设备：浴霸（注意是几路控制线）、镜前灯、排风扇、吹风机电源；电热水器电源及给水、洗衣机电源及给排水；浴缸、洗手盆、马桶给排水。

（4）卫生间有选择性设备：墩布池、电话、背景音乐音箱。

（5）客厅正常设备：电视机电源及电视端口、空调电源、网络及电源、电话端口、沙发两边电源。

（6）客厅有选择性设备：家庭影院、视频共享、投影、卫星电视、电动窗帘、吊顶造型照明电源、安防、灯光控制、智能控制系统。

（7）卧室正常设备：床头备用电源、电话、电视、空调。

（8）卧室有选择性设备：灯光双控、网络及电源、壁灯、视频共享、窗帘控制、卫星电视、灯光控制。

（9）书房正常设备：网络及电源、电话、备用插座。

（10）书房有选择性设备：背景音乐、电视及电源、视频共享、电动窗帘。

补充说明：餐厅及其他卧室设备电源相对较简单，可根据实际情况变动。

知识拓展：不同类型房屋的水电设计注意事项

（1）关于精装修房水电设计：随着精装修的普及，住宅楼房的强电配电系统是完善的，照明插座空调等回路完全分离，能保证正常家庭用电负荷；弱电（网络、电话、电视）也都已入户，甚至各个房间都已布置了完整的弱电线路，部分房间弱电线路只接到客厅或卧室，需要做进一步延伸工作，在装修时不需要太多改变；室内给水管大多情况下，冷热水管从厨房到卫生间都已经布置完毕，少部分只有冷水管甚至室内只预留一个冷水接口，也无热水管，需要重新走管，根据自己的需求局部改造即可；新房排水管如果设备无位置变化一般不需大的改动。

（2）关于二手房水电设计：原则上说只要是属于在房地产市场上购买后又出售给他人的自有房都叫二手房，但二手房建立年代不一样，它的水电管线设置情况就不一样，我们可以用房屋建立时间大概分三个阶段进行分析，看看具体属于哪一类情况。

①进入 21 世纪，特别是 2003 年后所建商品房屋，大多强弱电系统与新交房屋相差不大，电路改造方案以局部改动为主，一般不需要改变整体系统。

② 20 世纪 80 年代末到 2000 年以前建成的住宅小区，大多电线采用 $1.5mm^2$ 或 $2.5mm^2$ 电线，但是很多家庭照明与插座只分 2-3 回路，所有的家用电器甚至包括空调、厨卫电器插座均属于同一个回路，造成负荷过大经常“跳闸”现象。这样需要对原来的强电系统进行优化调整（主要是增加回路），尽量在保留原系统基础上进行调整，如果确实从施工方面有困难，也只能完全重新做系统，同时完善弱电系统。

③ 20 世纪 80 年代以前所建立的住宅小区，室内强电所采用的基本是以 1.5 平方电线为主，甚至采用铝芯线缆，室内采用拉绳开关，插座照明同一回路，这样的系统很难保证日常用电。后来各地区实施电力增容，更换电表，并对空调、热水器等大功率电器单做回路等临时措施，基本保证正常使用，但大多数电线采用 PVC 线槽甚至电线直埋入墙，现在要装修就必须拆除原线缆进行彻底设计新的强电系统。

对于给排水管系统，2003 年前修建房屋，大部分给水管采用的是镀锌管或铝塑管，管壁外露影响装饰效果，金属管道内外壁生锈污染水源，给水阀门关不了水等种种问题，需要在装修时考虑更换成 PPR 等材质管材；老房排水管特别是铸铁下水管，使用年限较长的大多存在不同程度的腐蚀，部分原下水位置与现在卫生间设备要求有偏差，需要重新设计管路走向。

二、水路改造施工流程及施工要点

水路改造施工布局走向要安全合理，遵循路径最短原则。采用暗装的方式，冷、热水管需要开槽埋管。施工流程为以下几步：

（一）测量画线

水路改造施工前，水电师傅要根据施工图里的水路布线图，在墙面确定管线走向。平行于地面架设于吊顶层（若设计有吊顶），上为热水管，下为冷水管，冷热水管间距不少于 200mm，如图 3-10 所示。垂直地面铺设于墙内，装冷热混合水龙头，左侧为热水管，右侧为冷水管，如图 3-11 所示。沐浴房冷热混合水龙头的水管间距为 150 ～ 160mm 适宜，洗手盆水龙头给水管位置离地 500 ～ 550mm 适宜，厨房洗菜盆水龙头给水管离地高 450mm 适宜，浴缸水龙头给水管位置高出浴缸沿上部 150 ～ 200mm 适宜。

图 3-10　上热下冷水管铺设

图 3-11　左热右冷

（二）施工现场成品保护

施工现场成品保护是对原有下水管道、地漏等成品进行保护，以防止施工过程中，开槽时石块落入管道中，造成原始下水管道堵塞。

（三）根据线路走向弹线

根据水路管线画线，用墨盒进行弹线，弹线用来确定水平度或是垂直度，弹线要清晰，用力要均匀，同时用记号笔标注好打孔点（图 3-12）。

图 3-12　弹线

（四）根据弹线对顶面固定吊卡

用冲击钻对固定打孔点进行打孔，固定水管吊卡。吊卡使用时注意选择合适的尺寸。常用 PPR 给水管主要有 20mm 或 25mm 两种，因外面要包裹一层保温棉，水管吊卡通常会相应选择 25mm 或 32mm 直径的通用吊卡，吊卡间距通常以 400mm 为最适宜，吊卡末端距离顶面通常不超过 150mm（图 3-13、图 3-14）。

图 3-13　水管管卡

图 3-14　铺设水管管卡

（五）根据弹线走向开槽

根据弹线走向开槽施工要点如下（图 3-15）。

图 3-15　开槽

（1）使用切割机切割时从上到下，从左到右切割，切割时注意平整。一边切割一边用装满水的瓶子注水，避免灰尘扬起。

（2）走向与高度：冷热水管的走向，应尽量避开煤气管、暖气管、通风管，并保持一定的间隔距离，一般距 200mm 以上为宜。为便于检测和装配，冷热水管横向离地面高度一般在 300 ～ 400mm 为宜。冷热水管立管开槽，到花洒龙头处，并排安装时其冷热水管间距为 150mm，这样可以方便安装花洒、水龙头。

（3）管槽深度与宽度按照水管大小而定，一般宽度大于管外径 5mm 为宜，深度则大于外径 8 ～ 10mm 为宜，以便于封槽。

（4）排水管槽应有一定的排水坡度，一般 2% ～ 3% 为宜。

（5）用冲击钻或小锤自上而下剔槽，槽沟要求平整、规则，槽内灰尘应及时清理干净，横竖管槽交叉处应成直角。（注：厨卫水电施工中，敷设管线前，管槽必须涂刷防水。）

（六）清理渣土

清理干净墙面、地面打孔渣土垃圾，保持干净作业。

（七）根据尺寸现场墙顶面水管固定

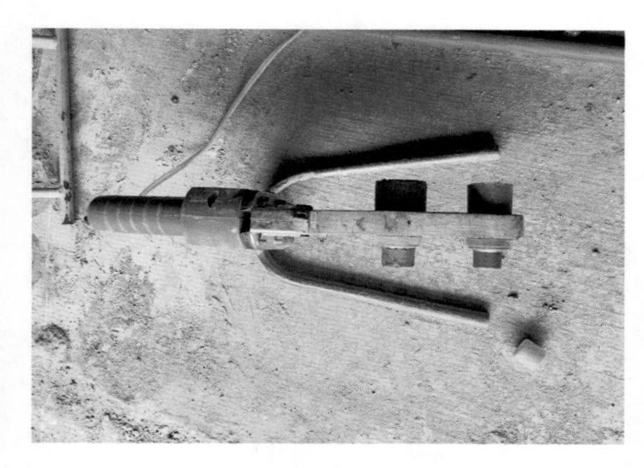

图 3-16　热熔器

PPR 给水管通常用熔溶技术，将管道之间的接口用热熔机（图 3-16）熔化后相互连接；PVC 下水管道通常采用胶水黏合，在管道的连接处均匀地涂抹上专用胶后将管理接口连接起来。连接好后，应进行试水，观察接口处有无渗漏。PPR 管道直径 20mm，加热时间 6s；管道直径 16mm，加热时间 5s；直径小于 25mm 的 PPR 管，熔接完保持时间应大于 15s。冷热水管道左右排列时，左侧应为热水，右侧应为冷水；（面向龙头）上下排列时，上侧为热水，下侧为冷水。改造好的冷热水出水管口应水平一致，连接好的管道应横平竖直，固定牢固。施工要点如下。

1. 热熔并连接 PPR 管

（1）裁切：按需要长度，用电动切割机或割管机，垂直切断管材，切口应平滑。

（2）扩口：用尖嘴钳或锥钎等工具，对切制后的管口进行内口整圈、倒棱、护口处理，并清洁管材与管件的待熔接部位。

（3）热熔：采用热熔器，并配以专用模头加热至 260℃，严禁超过 265℃，无旋转地将水管和管件同时推入模头加热（图 3-17、图 3-18）。

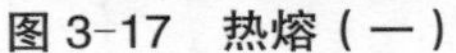

图 3-17　热熔（一）

图 3-18　热熔（二）

（4）连接：把加热的水管和管件同时取下，将水管内口轴心向对准配件内管口，并迅速无旋转地用力插入，未冷却时可适当调整，但严禁旋转。

2. 防止冷热水管堵塞

注意冷热水管头要安装牢固，防止发生杂物堵塞。如果较长时间中断施工，应将管口用管塞封堵，如果发生管头堵塞，会给施工和日后使用带来麻烦。

3. 户内给水管要求主管为 6 分，支管为 4 分

4. 管道采用管卡进行固定

直径 15mm 的冷水管卡间距不大于 0.6m，热水管卡间距不大于 0.25m；直径 20mm 冷水管卡间距不大于 0.6m，热水管卡间距不大于 0.3m，如图 4-10 所示。根据管外径尺寸选用相应管卡，转角、接头水表、阀门及终端的 10mm 处设管卡，间距≤ 600mm，管卡安装必须牢固。

5. 铜管焊接

铜管连接最好采用焊接，可用锡焊或铜焊，焊接时注意表面去氧化层处理。焊接时注意掌握火焰的温度，避免出现假焊以致破坏管质。焊好后表面必须用环氧树脂涂好保护膜再套上套管。

PVC 管道多采用胶水黏接，即在管道的连接处都均匀地涂抹上 PVC 专用胶后将管道连接起来，PVC 管道连接好后，应进行严密性实验。用橡皮胆堵住下水管口，向管道内注水，注满后至少 10min，观察水面不降低，手摸接口处不渗漏为合格（图 3-19、图 3-20）。

图 3-19　PVC 管胶粘（一）

图 3-20　PVC 管胶粘（二）

（八）检查各回路是否有误

根据施工图纸，检查各功能空间给水管和下水管回路是否完整、无误，若完整无误，将其管路固定，施工完毕。

（九）对水路进行打压验收测试

水路管道铺设施工完成后，要进行打压、试水验收，才算是整个工程结束。具体验收方法参见本章第五节内容。

三、电路改造施工流程及施工要点

电路改造施工时，电位的数量和位置要尊重业主的生活需要。随着生活质量的日益提升，以及智能家居慢慢普及，未来生活对电器的需求量会越来越多。具体施工流程如下：

（一）施工人员对照设计图纸与业主确定定位点

在电源线管暗埋时，应考虑与弱电管线等保持 500mm 以上距离，电线管与热水管、煤气管之间的平行距离不小于 300mm。

（二）施工现场成品保护

检查各项施工指标是否合格。

（三）根据线路走向弹线

在做水路改造之前，首先要确定管道的走向和高度。其次认真测量定位，用墨盒线弹出管槽宽度双线（图 3-21）。

图 3-21　弹线

（四）根据弹线走向开槽

用专业切割工具沿画好的管槽线自上而下开槽，管槽切好后用冲击钻或小锤沿管槽切线。施工要点如下：

（1）切槽必须横平竖直，切底盒槽孔时也同样必须方正、平直。深度一般为 PVC 线管直径 +10mm，底盒深度 +10mm 以上。

（2）电路改造一般禁止横向开槽，严禁将承重墙体的受力钢筋切断，严禁在承重结构如梁、柱上打洞穿孔，因为这样施工容易导致墙体的受力结构受到影响，产生安全隐患。

（3）管线走顶棚，在顶面打孔不宜过深，深度以能固定管卡为宜。

（4）切槽完毕后，必须立即清理槽内活动垃圾。

（5）开暗盒遇到钢筋要避开，可上下移动甚至更改位置，禁止断筋。

（五）开线盒

根据开关、插座定位点，在墙面预定的位置上按底盒大小画好线，用切割机顺着线切开，再用冲击钻打掉中间部分，露出安装开关、插座底盒的空间就完成了开线盒施工。

（六）清理渣土

及时清理墙面、地面开槽留下的水泥石块等渣土，保持施工作业环境干净，以避免在后面施工中，因尖锐水泥石块划破电线线管情况发生。

（七）电管、线盒固定

根据施工现场具体情况，有时候电线管路需要走天花吊顶内，也就是我们通常所说的“电路走天”工艺，需要在顶面打孔，顶面打孔不宜过深，以能固定管卡为宜，同时固定好开关、插座线盒。

（八）电路布管

布管施工采用的线管有两种，一种是 PVC 线管；另一种是钢管。家庭装修多采用 PVC 线管（图 3-22），在一些对于消防要求比较高的公共空间中，则多采用钢管作为电线套管。施工要点如下：

（1）电源线管排管时，强弱电线接线盒间距正常情况下≥500mm，地面平行间距不低于 200mm，弱电电线特别是铜轴电缆必须采用多层屏蔽功能线缆。

（2）墙面线管走向尽可能减少转弯，并且要避开壁镜、家具等物的安装位置，防止安装时被电锤、钉子打穿电线。

（3）如无特殊要求，在同一套房内，开关离地 1200 ～ 1500mm，距门边 150 ～ 200mm 处，插座离地 300mm 左右，插座开关各在同一水平线上，高度差小于 8mm，并列安装时高度差小于 1mm，并且不被推拉门、家具等物遮挡。

（4）无特殊情况，电线管不宜走石膏线内，易造成死弯、死线。

图 3-22　布管

（5）电线管路与煤气管、暖气管、热水管之间交叉距离应不小于 100mm。

（6）电线管路与煤气管、暖气管、热水管之间的平行间距应不小于 300mm，这样可以防止电线因受热而发生电线绝缘层老化，降低电线的使用寿命。

（7）线管采用管卡固定，固定点间距要均匀，管卡间的最大距离应小于 1m，管卡与终端、弯头终点、电器器具或接线盒边缘的距离宜为 150 ～ 500mm。

（九）穿线

线管架设固定好后就可以进行穿线。穿线直接决定未来用电的安全和电器的有效使用。通常先放好空调等其他一些专线，其次放插座、电视、电话线，最后放灯线。电线可以直接穿入新管材中，但如果是长距离的穿线，建议最好还是采用穿管器（图 3-23）或者钢丝辅助穿线。钢丝和穿管器在穿线过程中可以起到一个引线的作用。穿线施工要点如下：

（1）在穿线前，应将管内杂物清理干净，做好穿线准备。当管路较长或转弯较多时，可以向管内吹入一定的滑石粉以增加穿线的顺滑度。

（2）电线在管内不应有接头和扭结，接头应设在接线盒内，将电线抽出超越底盒约 150mm，连接段应该使用电工胶布或者压线帽保护。

（3）电线布线必须穿管，严禁裸埋电线；不同的回路不能穿入同一根管内；不同电压的电线如照明线和电话、电视线不可穿在同一管内，电视线要单独穿管，电话线、网络线可共管。

（4）插座选用 $2.5mm^2$ 电线，空调、厨房、直热式电热水器、按摩浴缸等大功率电器插座选用 $4mm^2$ 电线。

（5）线管内电线总截面积不应超过管截面积的 40%，就数量而言，20mm 管（4 分管）内不能超过 5 根 $2.5mm^2$ 和 3 根 $4mm^2$；25mm（6 分管）管内不能超过 7 根 $2.5mm^2$ 和 5 根 $4mm^2$，这样方便散热和日后维修时顺畅地抽出电线。目前实施工艺上，电线套管里一般最多穿插 3 ～ 4 根电线。

（6）将钢丝或穿线器和电线粘贴在一起，慢慢插入管材，缓缓地推动，避免过快、过猛而导致管材内部的划伤，从一头穿入，另外一头穿出，如图 3-24 所示。

图 3-23　穿管器

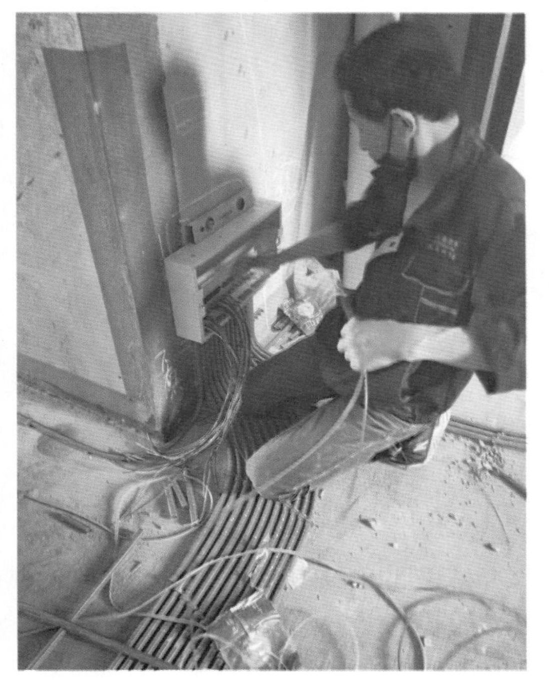

图 3-24　穿线

（7）电线按回路注明编号分段绑扎，方便以后识别，完工后要绘制平面立面电路竣工图。

（十）封闭电线开槽

检测合格即可封槽。封槽前洒水湿润槽内，调配与原有结构的水泥配比基本一致的水泥砂浆以确保其强度，绝对不能图省事采用腻子粉填槽，封槽完毕，水泥砂浆表面应平整，不得高出墙面（封槽瓦工进场后施工）。天花的灯线则必须套好蛇管，并用电胶布或压线帽保护好。

电工作业至此告一段落，必须等待瓦工和木工、油漆作业完成后，电工才能继续作业。后期电工作业主要是安装开关、插座以及灯具，如果现在就安装好，容易在后期瓦、木、油工序施工时被损坏。

在离场前需要和木工以及瓦工做个交底，确认需要预留的位置和灯线出口，尤其是天花板更是需要特别交代明确，避免因几个工种对接不好造成的麻烦。

至此，电路改造施工全部完成。以上所述为电路改造中的暗装施工方法，也是目前主流的电路改造施工方法，在家居空间及办公空间广泛应用。但是在电路改造中，一些较为低档的装修，比如厂房的装修和简易出租房的装修，经常采用明装方式。相对来说明装的美观性要差很多，但是却为维修提供了极大便利，而且施工方便，造价也低廉。

第五节　水电验收

图 3-25　打压测试

水路改造最容易出现的问题就是爆管和渗漏。爆管原因多是管材本身质量问题，而渗漏除了本身材料有问题外，还可能是施工不规范造成的。无论是爆管还是渗漏，只要出现问题都会给日常的生活使用造成很大的不便，而且返工极其麻烦。所以在水路改造完成后进行一次加压测试是非常必要的，在测试没有问题的情况下才能埋水管。给水管路安装完成 24h 之后，须对其进行管道压力测试。打压测试需要使用专门的水管打压设备，如图 3-25 所示。

通过软管连接室内所有冷热水给水管，使之成为一个回路，管道内充满水（空气），关闭户控制总给水阀开关（必须关严，否则数据不准确，如总阀门渗水则需另外处理），用手动或自动试压泵试压，实验压力超过工作压力 1.5 倍，一般情况下为 0.8MPa，30min 之内掉压不超过 0.05MPa 同时检查各连接处不得渗漏才为合格。如遇复式或多层别墅实验水压，实验时间可以适当延长。

注意：手动施压使施压泵缓慢升压至 0.6MPa，最大不得大于 1MPa，至少持续半小时，加压期间，注意观察水管的接头处、弯头处有没有渗水，如果有渗水，即使很轻微，也必须拆下来重新连接，否则长时间使用后，可能会发生漏水等意外事故。在大于 0.6MPa 小于 1MPa 的压力下，哪怕管道只有很小的一个孔或者接口处有一点点缝隙，压力表会直线下降，那就说明水管安装有问题；在半小时内如果压力表没有变化，那就说明安装的水管没有问题。给水管必须进行加压试验。多层测试压力为 0.6MPa，高层测试压力为 0.8MPa，加压试验应无渗漏，1h 左右压力损失不大于 0.05MPa；金属及复合管恒压 10s 压力下降不大于 0.02MPa，检验合格后方可进入下道工序。需要特别注意的是，不要加压过大，水管可能没有问题，但因为加压过大反而导致水管爆裂。时间也不能太长，30min 测试即可。在试压过程中，因为水管中可能还残存着少量空气，所以一定的压力下降是正常现象。关键是压力下降到一定的数值就得停住，如果压力一直下降，那么就有问题了。

排水水路验收注意事项：

（1）新做下水管进行灌水实验，排水畅通，管壁无渗、无漏合格。

（2）下水管做完注意成品保护，防止人为异物二次撞击造成损失。

（3）最后封闭水槽。仔细检查每根水管尤其是每个接口处是否有渗漏。在完成管道安装和测试后，用水泥砂浆将管道槽填平，做好墙面和地面基层处理后，就可以进入下一个施工环节了。

最后电路验收，主要从两方面入手。一是铺设施工验收，二是摇表测试。

电路铺设施工验收：

（1）定位放线横平竖直。

（2）开槽深度不低于管径 1.5 倍。

（3）过桥处不得高于地面或墙面。

（4）强弱电源线管路间距不小于 300mm。

（5）同一空间插座面板平面高度差不大于 5mm。

（6）相邻开关插座面板平面高度差不大于 2mm。

（7）吊顶内电线必须穿管保护。

（8）不同回路、不同电压的导线严禁穿在同一管道内。

（9）严禁强弱电同管铺设。

电路摇表测试：摇表用来检查绝缘电阻，判断检查漏电情况，关掉电源，用摇表的两个接线夹分别接火线和地线开摇，如果绝缘没有问题，再分别接零线和地线开摇，如果上述情况下绝缘都没有问题，则用万用表电阻档测零线和火线的电阻，正常测不到电阻。现在的品牌电线质量都比较过硬，只要施工规范，电路改造后都是可以保证通电的。

知识拓展：水电施工注意事项

（1）家装二次水路改造遵循“水走天”原则，易于后期维护，且不用大幅提高地面高度，不影响层高。

（2）家庭装修水路改造常用参考尺寸数据（尺寸以毛坯未处理墙地数据为准）：淋浴混水器冷热水管中心间距 150mm，距地 1000 ～ 1200mm；上翻盖洗衣机水口高度 1200mm；电热水器给水口高度等于层净高减电热水器固定上方距顶距离减电热水器直径减 200mm；水盆、菜盆给水口高度 450 ～ 550mm；马桶给水口距地 200mm，距马桶中心一般靠左 250mm；墩布池给水口高出池本身 200mm 为宜。其他给排水尺寸根据产品型号确定。

（3）水路改造严格遵守设计图纸的走向和定位进行施工，在实践操作过程中，必须通过业主联系相关产品厂家，掌握不同型号厨宝、净软水机、洗衣机、水盆、浴用混水器、热水器等机型要求的给水排水口位置及尺寸，防止操作失误造成后期无法安装相关设备。

（4）一般来说，正对给水口方向，左热右冷（个别设备特殊要求除外）。

（5）管材剪切：管材采用专用管剪剪断，管剪刀片卡口应调整到与所切割管径相符，旋转切断时应均匀用力，断管应垂直平整无毛刺。

（6）PPR 管熔接：PPR 管采用热熔连接方式最为可靠，接口强度大，安全性能更高。连接前，应先清除管道及附件上的灰尘及异物。连接完毕，必须紧握管口与管件保持足够的冷却时间方可松手。

（7）PPR、PB、PE 等不同材质热熔类管材相互连接时，必须采用专用转换接头或进行机械式连接，不可直接熔接。

（8）给水管顶面宜采用金属吊卡固定，直线固定卡间距一般≤ 600mm。

（9）二手房排水管改造注意原金属管与 PVC 管连接部位特殊处理，防止处理不当，下水管渗漏水。

（10）室内有条件的应尽量加装给水管总控制阀，方便日后维护；如遇水表改造必须预留检修空间，且水表改后保持水平。

（11）水路改造完毕需出具详细图纸备案，施工现场上的水路图要保存一份，后面安装工程中师傅在定位时，可以参考定位点，以免破坏水管。

第六节　空调、暖气、净水、新风系统

水电施工阶段，空调、暖气、净水、新风系统也是需要在此阶段完成，它们也属于隐蔽工程，需要提前布管。

一、空调系统

家用空调从 90 年代第 1 代空调——窗机，到现在的第 3 代空调——中央空调，为我们打造了一个舒适的居家环境。目前，除了第一代空调已被市场淘汰，其他壁挂机、柜机、风管机、中央空调在室内装修中选择比较多，主要还是要结合户型以及自身生活需求来选择。如果空调系统选择风管机或是中央空调，就需要和水电同步进行了，根据现场实际定位。同时为了美观需要将机身和管线藏在吊顶里，只留出风口；如果选择壁挂机或是柜机就可以在安装工程阶段完成，水电环节定好点位即可。通常只要室内净高正常，风管机或是中央空调安装都是没有问题的，主机高度为 20cm 左右，管道厚度 5cm+ 排水空间 10cm 石膏板，吊顶约下吊 25 ～ 30cm，一般户型的层高基本上都是没有问题的。中央空调安装实景如图 3-26 所示。

图 3-26　中央空调

二、暖气系统

暖气主要有水地暖和墙暖（暖气片）两种。比起电暖还是相当有优势的。水地暖的全称为低温热水地面辐射采暖，以不高于60℃的热水作热媒，在埋置于地面填充层中的加热管内循环流动，加热地面，主要以辐射传热方式向室内供热，均匀加热整个地面，利用地面自身的蓄热和热量向上辐射的规律由下至上进行传导，来达到取暖的目的。由于在室内形成脚底至头部逐渐递减的温度梯度，从而给人以脚暖头凉的舒适感，符合中医“温足而顶凉”的健身理论，也是现代常见的供暖方式（图3-27）。

图3-27 地暖

地暖升温慢，初次使用需要3天左右，但是它是最舒适的采暖方式，比较适合家里24小时有人在的家庭，特别是有老人、小孩的家庭，它是地面低温发热，对老人的的腿关节都有很好的保健作用。墙暖的主要发热体是暖气片，它负责加热空气，放置在窗口、门口之类的冷空气容易进屋的位置。冷空气一进来就被暖气片加热成热空气，热空气上升与屋子的冷空气形成对流。冷空气又循环到暖气附近被加热成热空气，热空气在屋里循环，房间就暖和了（图3-28）。

燃气壁挂炉（图3-29）是整个暖气系统中非常重要的一部分，市面上常见的品牌主要以德系和意系为主；市面上也有品牌是水系统空调、地暖二合一的，不使用壁挂炉的，可以结合它们的性能、保养以及后期使用费用等综合考虑进行选择。

图3-28 墙暖

图3-29 壁挂炉

三、净水系统

家庭装修净水系统一般使用前置过滤器加末端直饮水方式。简单地说，完整的家庭全屋水处理系统配置是这样的：总进水后接前置过滤器，先粗滤铁锈、泥沙等颗粒杂质，保护后续处理设备。在前置过滤器之后可能分出一路，接到马桶、拖把池，还有大户豪宅的泳池、车库、花园，这些用途水量大，水质要求不高，不必接水处理系统。剩下进厨房，经净水器后提供洗菜、洗碗等用途；一路接软水器，向浴室和热水器、地暖壁挂炉提供软水；一路接直饮水，提供纯净水。根据自身生活需求、水质环境需求以及装修预算而定。水质较好，普通净水器可省略，硬度低，软水器可省略，自来水不夹杂泥沙等，前置也可以省略（图 3-30）。

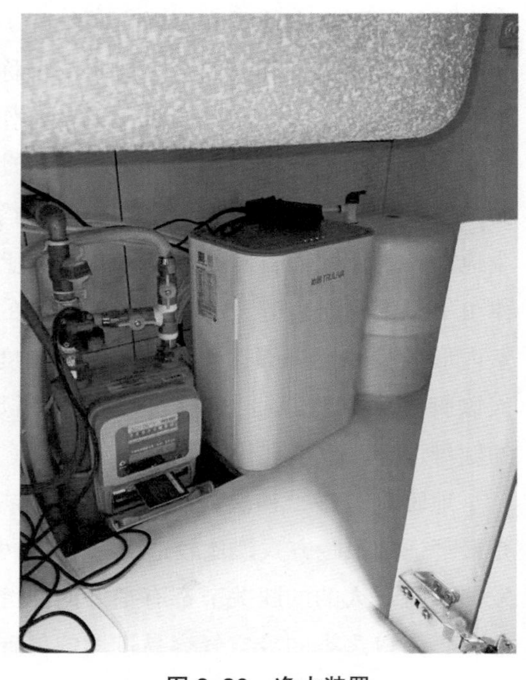

图 3-30　净水装置

四、新风系统

新风系统形象理解就是一边开着进气扇往屋子里送过滤好的新鲜空气，一边用排气扇把屋子里的废气排出去，这一进一出，就构成了一个完整的全屋新风系统。新风系统的存在，就是为了在不开窗的情况下，完成室内通风换气，过滤 PM2.5 只是附赠功能，不是它本来诞生的目的。像商场、酒店、办公楼都是大型公共建筑，必须要人工通风，所以新风系统是标配。相对于新风来讲，空调和空气净化器，是把室内的空气来回交换而已，没办法把新鲜空气带到屋子里来，可以结合自身生活需求进行选择（图 3-31）。

图 3-31　新风系统

思考与练习

1. 对照案例户型的原始框架图，两人一组口述水路走向以及开关插座布局，再对照施工图作出合理评价。
2. 总结案例户型强、弱电回路有多少个?
3. 水电工地现场，分别沿着强、弱电线管走一遍，复盘出该户型的强弱电的布线图。
4. 分别按空间数一数开关、插座的点位数，再统计总点位数。
5. 两人一组，至少选取一个空间进行量房并绘出草图。
6. 自主拓展空调、暖气、净水、新风系统的有关知识。

第四章

瓦工工程

【本章教学项目任务书】

	能力目标	知识目标	素质目标
教学目标	对地面铺装图进行有效分析与评价，以及准确表述出施工方案	（1）了解瓦工工程的主材以及辅料 （2）掌握砌墙、批荡、包水管、地面找平、墙地砖铺贴以及防水、地面找平等施工流程	（1）培养学生严谨、细致的学习作风 （2）发现问题并解决问题的实践能力 （3）培养学生口头表达能力
重点、难点及解决办法	重点：瓷砖的分类；砌墙、批荡、包水管、地面找平、墙地砖铺贴以及防水、地面找平等施工流程 难点：砌墙、批荡、包水管、地面找平、墙地砖铺贴以及防水、地面找平等施工流程 解决方法： （1）前往建材市场了解瓷砖种类、风格及尺寸规格 （2）展示工地拍摄图片、施工视频等让学生了解瓦工施工现场以及对辅料的认识		
教学实施	（1）展示已签单落地的地面铺装图案例，欣赏与分析案例，了解户型的瓦泥工改造施工方案 （2）小组讨论合作，搜集地面铺装方式的图片资料 （3）通过 PPT、视频以及拍摄的瓦工施工现场图片讲解施工流程及施工要点 （4）带学生进建材市场，了解瓷砖的种类以及对瓷砖的综合认知 （5）分小组模拟施工班组，以组长为项目经理，组员为监理，按施工节点顺序模拟瓦工环节各种施工的交底 （6）通过学习布置课后拓展作业		

水电项目改造完毕、验收合格后，就可以进行瓦工工程了。室内装修中泥瓦工程占据了装修的绝大部分，是室内装饰中不可缺少的一项。瓦工师傅进场前，施工过程中所需用到的材料必须到位。

瓦工工程中主材主要有瓷砖、石材等，通常由业主自行购买；所需辅料主要有水泥、沙、轻质砖、隔音棉等，通常由装饰公司提供。

第一节　瓷砖

瓷砖，又称为陶瓷砖，是以耐火的金属氧化物及半金属氧化物，经由研磨、混合、压制、施釉、烧结等过程形成的一种耐酸碱的瓷质或石质等的建筑或装饰材料。其原材料有黏土、长石、石英砂等天然矿物原料，具有很高的硬度，它是室内装饰中最主要的墙、地面材料之一。瓷砖属于主材，除装饰公司的全包外，半包中通常是业主自行购买。

一、瓷砖的主要种类及应用

瓷砖按照使用空间面不同可分为地砖、墙砖、腰线砖、室内以及室外砖；按光泽度分为亮光砖（灯光打到砖面上几乎看到所有光点）、柔光砖（灯光打到砖面上看得到部分光点）和哑光砖（灯光打到砖面上完全看不到光点）；按其制作工艺及特色可分为釉面砖、通体砖、抛光砖、玻化砖和马赛克砖（陶瓷锦砖）、抛釉砖等。近几年，瓷砖技术不断推出新工艺新产品，大理石瓷砖、瓷抛砖、地毯砖、木化石砖等，也越来越受顾客所喜欢，必然会成为今后墙、地面装饰瓷砖的主流趋势产品。

（一）釉面砖

釉面砖就是表面经过烧釉处理的砖。按烧制的原材料可分为陶制釉面砖和瓷制釉面砖。原材料主体主要分为陶土和瓷土两种，陶土烧制出来的砖背面呈红色，吸水率较高、强度较低而且缝隙较大，目前基本上已被室内装饰工程所淘汰；用瓷土烧制出来的砖背面呈灰白色，这种砖质地紧密、吸水率较低、强度也较高，现在被广泛运用于装饰工程中，就是我们通常所说的“瓷砖”。釉面砖依表面反光的光泽强弱度不同，又可分为哑光砖、亮面砖和柔光砖三种，如图 4-1 所示。

图 4-1 釉面砖

我们耳熟能详的仿古砖就是哑光的釉面砖。所谓“仿古”，指的是砖的效果，应该叫仿古效果的瓷砖，按生产工艺仿古砖又可分为经典仿古砖和现代仿古砖。经典仿古砖仿造以往的样式做旧，实质上是上釉的瓷质砖，用带着古典的独特韵味吸引着人们的目光，为体现岁月的沧桑、历史的厚重，仿古砖通过样式、颜色、图案，营造出怀旧的氛围。仿古砖是从彩釉砖演化而来，与瓷片基本是相同的；现代仿古砖带有现代风格元素，色彩没那么艳丽，多半以黑、白、灰为主，砖面有的呈凹凸状，有的是平面，仿古砖几乎都是哑光的。

在适用范围上，釉面砖适用于卫生间、阳台等。厨房选用亮光釉面砖，不宜用哑光釉面砖，因油渍进入砖面之中，很难清理。

大部分釉面砖的防滑度非常好，且色彩图案丰富、规格多、选择空间大，同时釉层部分具有非常好的耐污性能，尤其适用于厨房和卫生间。但由于釉面砖由底胚和表层较薄的釉层两个部分构成，其作为地砖使用时，其抗折强度比全瓷砖要差，表面的釉层被磕碰损坏后，会影响美观和防污性能，因表面是层釉质，所以耐磨性相对差些。

（二）通体砖

通体砖的表面不上釉，正面和反面的材质和色泽一致，因为通体一致，因此得名通体砖。通体砖有很好的防滑性和耐磨性。我们平常所说的“防滑砖”大部分都是通体砖。由于目前室内装饰设计越来越倾向素色简约设计，所以通体砖越来越受到消费者的青睐，成为一种时尚，被广泛使用于厅堂、过道和室外走道等地面，一般较少用于墙面。

（三）抛光砖

抛光砖是通体砖坯体的表面经过打磨而成的一种光亮的砖，属通体砖的一种。这样抛光砖正面很光滑、很漂亮，背面是砖的本来面目，相对通体砖而言，抛光砖表面要光洁得多。抛光砖的硬度很高，非常耐磨。在运用渗花技术的基础上，抛光砖可以做出各种仿石、仿木效果。抛光砖可分为渗花型抛光砖、微粉型抛光砖、多管布料抛光砖、微晶石抛光砖。适用范围除卫生间、厨房外其他空间的墙地面也可使用。

抛光砖坚硬耐磨，表面光亮，非常适合现代简约和现代极简风格的空间。但抛光砖因其表面进行了抛光处理，表面会留下凹凸气孔，这些气孔非常容易藏污纳垢，所以耐污性能较差，如果污质、油质渗入砖体，没有及时清理，会造成抛光砖表面污迹斑斑；同时因为表面光滑，防滑效果变差，一旦地上有水，就非常滑，容易摔倒。所以，卫生间、厨房和阳台等用水较多的地方，并不适合铺贴抛光砖，而客厅、走道及门廊等区域都可使用。

（四）玻化砖

玻化砖是瓷质抛光砖的俗称，市场上被称为“全瓷砖”，玻化砖是在通体砖的基础上加上玻璃纤维经过三次高温烧制而成，是抛光砖的一种升级产品。质地比抛光砖更硬，不容易有划痕，耐磨耐腐蚀，易清洁保养，强度高，装饰效果好，用途广，用量大，被称为“地砖之王”。吸水率低于 0.5% 的陶瓷砖都称为玻化砖，抛光砖吸水率低于 0.5% 也属玻化砖（高于 0.5% 就只能是抛光砖不是玻化砖）。玻化砖适用于客厅、卧室、走道等各个空间，和抛光砖一样，因表面过于光洁不适合用于厨房、卫生间和阳台等较容易有积水的空间。

玻化砖是强化的抛光砖，表面一般不再需要抛光处理就很亮了，能够在一定程度上解决抛光砖容易脏的问题。玻化砖和抛光砖一样，存在色泽单一、易脏、不防滑和容易渗入有颜色液体等缺点，这两种砖一般都比较大，主要用于客厅、门庭等地方，很少用于卫生间和厨房等多水的地方。

（五）马赛克砖

马赛克砖又叫陶瓷锦砖，形状小，花色多样，它的用途比较广泛。马赛克砖是一种特殊存在方式的砖，它一般由数十块小块的砖组成一个相对的大砖。主要分为陶瓷马赛克、大理石马赛克、玻璃马赛克。它以小巧玲珑、色彩斑斓被广泛使用于室内小面积地、墙面和室外墙面和地面，一般是小范围铺贴起到局部的装饰作用。

马赛克砖耐酸、耐碱、耐磨、不渗水，抗压力强，不易破碎；色调柔和、朴实、典雅、美观大方，化学稳定性、冷热稳定性好，不变色、不积尘、容重轻、黏结牢。但马赛克砖缝隙太多，容易脏且难清洗，厨房尽量避免用马赛克的瓷砖。

（六）全抛釉

全抛釉分为坯体和釉层两部分，结合了抛光砖和釉面砖的优点，在家居中使用广泛。

（七）大理石瓷砖

大理石瓷砖具有天然大理石的逼真纹理、色彩和质感，既具有天然大理石逼真的装饰效果，又兼有瓷砖的优越性能，摒弃了天然大理石的各种天然缺陷，它是建陶行业划时代的革新者，也是现代顶级瓷砖制造工艺的代表作。大理石瓷砖分为全瓷大理石瓷砖和普通大理石瓷砖，全瓷大理石的质量光感会更好，更加逼近天然石材。大理石瓷砖是继瓷片、抛光砖、仿古砖、微晶石瓷砖之后的又一瓷砖新品类。大理石瓷砖的纹理、色彩、质感、手感以及视觉效果几乎达到天然大理石的逼真效果（图 4-2、图 4-3）。

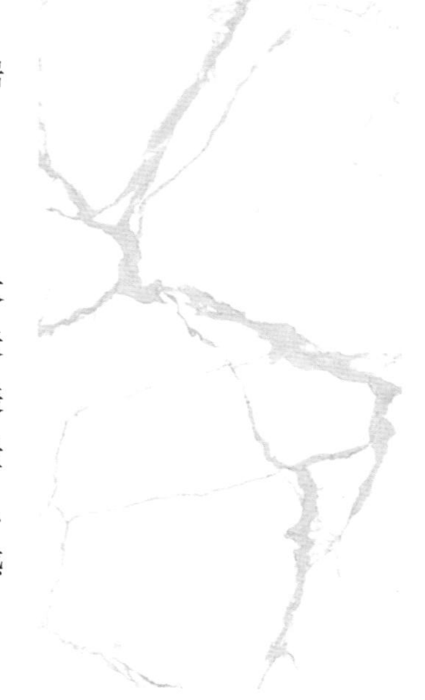

图 4-2　大理石瓷砖

图 4-3　大理石瓷砖实景效果图

（八）瓷抛砖

瓷抛砖可以完美替代石材，一般的瓷砖不能用于门槛石、飘窗石、楼梯、淋浴房大理石开槽，而瓷抛砖都可以用，切开之后里、外纹理达到一致。比一般的瓷砖应用更广泛，升级后的瓷抛砖更防滑，在卫生间遇到水之后也会产生吸盘作用，更加防滑。

（九）地毯砖

看起来像地毯一样，实际它是瓷砖。拥有近似地毯的触感，一般用于卧室、书房、阳台、客厅处，能使居住空间更温馨，纹理逼真，质感很好（图 4-4）。

图 4-4　地毯砖实景图

（十）木化石瓷砖

外观看起来像木头的横截面，效果逼真，真正的木化石是经过地壳剧烈运动，导致树木被深埋在地底下，经过高压、缺氧的环境，要上亿年才会形成。木化石瓷砖比较适合中式风格，更有禅意（图 4-5）。

（十一）水磨石瓷砖

水磨石是将碎石、玻璃、石英石等骨料拌入水泥粘接料制成混凝制品后经表面研磨、抛光的制品。以水泥粘接料制成的水磨石叫无机磨石，用环氧粘接料制成的水磨石又叫环氧磨石或有机磨石，水磨石按施工制作工艺又分现场浇筑水磨石和预制板材水磨石，如图 4-6 所示。

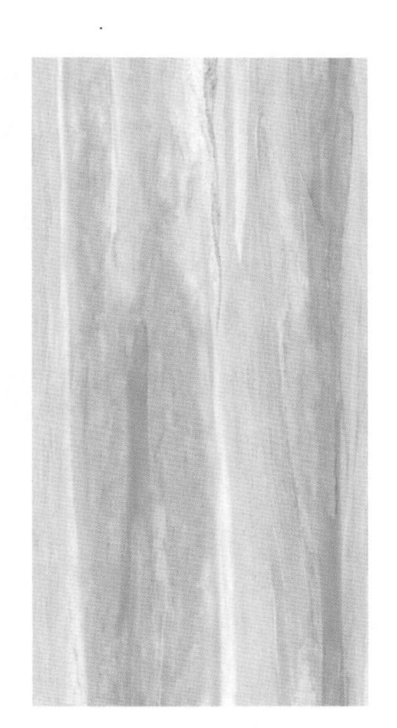

图 4-5　木化石瓷砖

图 4-6　水磨石瓷砖

二、瓷砖的主要尺寸和风格

瓷砖因易于清洁、品种丰富、价格实惠等特性深受广大业主的青睐，选择性较广。常见的规格有 300mm × 300mm、600mm × 600mm、800mm × 800mm 和 1000mm × 1000mm 的正方形砖，长方形规格砖有 1200mm × 600mm、750mm × 1500mm 等尺寸，另外还有更大规格尺寸的瓷砖，超大规格一体成型，如 3200mm × 1600mm、2400mm × 1600mm、1800mm × 900mm 等多种规格，最大生产规格可达 4800mm × 1600mm。目前瓷砖的风格越来越多样化，比如木化石系列瓷砖、珍稀石材纹理系列瓷砖、地毯系列瓷砖等。针对不同空间，通常选择的尺寸参考如下：

（一）厨房、卫生间墙、地砖

厨房、卫生间地砖常见的规格有 300mm × 300mm、600mm × 600mm、800mm × 800mm 三种；卫生间墙砖常用的有 300mm × 600mm、400mm × 800mm、300mm × 800mm 以及 300mm × 900mm 等规格。尺寸规格的选择方法也是根据实际面积而定。小面积卫生间以小规格瓷砖为主，大面积卫生间以中等偏大规格的瓷砖为主。

（二）客厅、餐厅墙砖、地砖

客厅、餐厅地砖常用的规格有 600mm × 600mm、800mm × 800mm、1000mm × 1000mm 正方形尺寸外，现在市场上也较为流行长方形规格尺寸的瓷砖，如 600 × 1200mm 等。瓷砖尺寸规格的选择要按照具体空间实际面积而定，如小面积居室选择规格大的瓷砖需要裁剪，这样会造成很大的浪费，因此这种情况选择较小规格瓷砖比较合适，大面积居室则选用中等偏大规格为主。客厅墙砖这几年较为流行用大板瓷砖来铺贴，作为背景墙的装饰。

（三）阳台墙砖、地砖

阳台地砖根据装饰风格可以选择不同的铺贴方法，不同的铺贴方法选用的瓷砖规格也不一样，如果采用正铺方法，和客厅、餐厅风格保持一致就可，如果使用“工”字形铺，一般使用长方形瓷砖，选择的规格有 300 × 600mm 、300 × 800mm 和 400 × 800mm 等。

三、墙砖、地砖的选购

市场上瓷砖琳琅满目，品牌和品种越来越丰富。等级通常以“优秀”和“合格”评价，在包装盒上会标注出来。墙地砖在家庭装修预算中是一笔不少的金额，因此对于业主来讲，瓷砖的选购是有很多学问的，如何鉴别合格与不合格的瓷砖有以下几种方式：

（一）看外观

瓷砖的色泽要均匀，表面光洁度及平整度要好，周边规则，图案完整，从一箱中抽出四五片查看有无色差、变形、缺棱少角等缺陷。

（二）听声音

用硬物轻击，声音越清脆，则瓷化程度越高，质量越好。也可以用左手拇指、食指和中指夹瓷砖一角，轻松垂下，用右手食指轻击瓷砖中下部，如声音清亮、悦耳为上品，如声音沉闷、滞浊为下品。

（三）滴水试验

可将水滴在瓷砖背面，看水散开后浸润的快慢，一般来说，吸水越慢，说明该瓷砖密度越大；反之，吸水越快，说明密度稀疏，其内在品质以前者为优。

（四）尺量

瓷砖边长的精确度越高，铺贴后的效果越好，买优质瓷砖不但容易施工，而且能节约工时和辅料。用卷尺测量每片瓷砖的大小周边有无差异，精确度高的为上品。

另外，还要观察其硬度，瓷砖以硬度良好、韧性强、不易碎烂为上品。以瓷砖的残片棱角互相划痕，查看破损的碎片断裂处是细密还是疏松；是硬脆还是较软；是留下划痕，还是散落的粉末，如属前者即为上品，后者则质差。

第二节 石材

石材是建筑装饰材料中的高档产品，广泛应用于室内外装饰设计、幕墙装饰和公共空间设计中。

中国石材的生产主要分布在福建、广东、山东三地，其中福建与山东（五莲县）为原料与加工生产大省，而广东主要从事进口石材的加工，上述三省占了中国石材生产85%的产量，主要是生产大理石、花岗石产品。

一、装饰用石材的种类及应用

目前市场上常见的石材主要分为天然石材和人造石材。天然石材根据岩石类型、成因以及石材硬度高低不同，主要有花岗石和大理石。天然石材材质坚硬、色泽鲜明、纹理丰富，具有抗压、耐磨、耐火、耐寒、耐腐蚀以及吸水率低等特性。人造石材是一种人工合成的装饰材料，根据生产材料不同，人造石材又可以分为人造花岗石、人造大理石和人造文化石。人造石材具有易清洁、耐热、阻燃、无毒、性价比高等特点，硬度没有天然石材坚硬、质感上稍有差别。

（一）花岗石

花岗石是由火成岩形成的，是一种钢硬的晶状体石材，它的主要成分为二氧化硅，结构致密，抗压强度高，稳定性、耐候性较高，结构稳定不易老化，用于室内门槛石、室外广场或是外墙干挂等场所。有些花岗石含有微量放射性元素，这类花岗石应避免用于室内，使用花岗岩的时候需要测量其辐射水平，再确认其使用场合。

（二）大理石

大理石因其盛产于中国云南大理而得名，原指产于云南省大理的白色带有黑色花纹的石灰岩，剖面可以形成一幅天然的水墨山水画，后来大理石这个名称逐渐发展成称呼一切有各种颜色花纹的、用来做建筑装饰材料的石灰岩。大理石的主要成分以碳酸钙为主，相对于花岗石而言，大理石质地软一些。大理石纹理天然，光滑细腻，亮丽清新，装饰在居室空间里，可以把居室衬托得更加高贵典雅。

（三）人造石

人造石是一种人工合成的新型环保复合材料，人造石无毒性、无放射性，阻燃、不粘油、不渗污、抗菌防霉、耐磨、耐冲击、易保养、无缝拼接、造型百变。人造大理石是以天然大理石为填充材料，用水泥、石膏作为粘结剂，经过搅拌、研磨、抛光成型。

石材的应用空间面不同，决定了其选用的石材类型也有差别。例如，因花岗石不含有碳酸盐，吸水率小，抗风化能力强，适用于室外建筑墙地面装饰，能经受长期风吹雨淋日晒；公共空间厅堂地面装饰用的石材，要求其物理、化学性能稳定，可首选花岗石；用于墙面以及家居卧室地面的装饰，可选用具有美丽图案的大理石。

花岗石和大理石均可铺设于地面、墙裙、飘窗、踏步以及背景墙。因其价格较昂贵，室内装修中应用比较广泛部位主要在门槛石、飘窗台、电视机背景墙以及厨房台面、洗浴柜台面等（图4-7）。

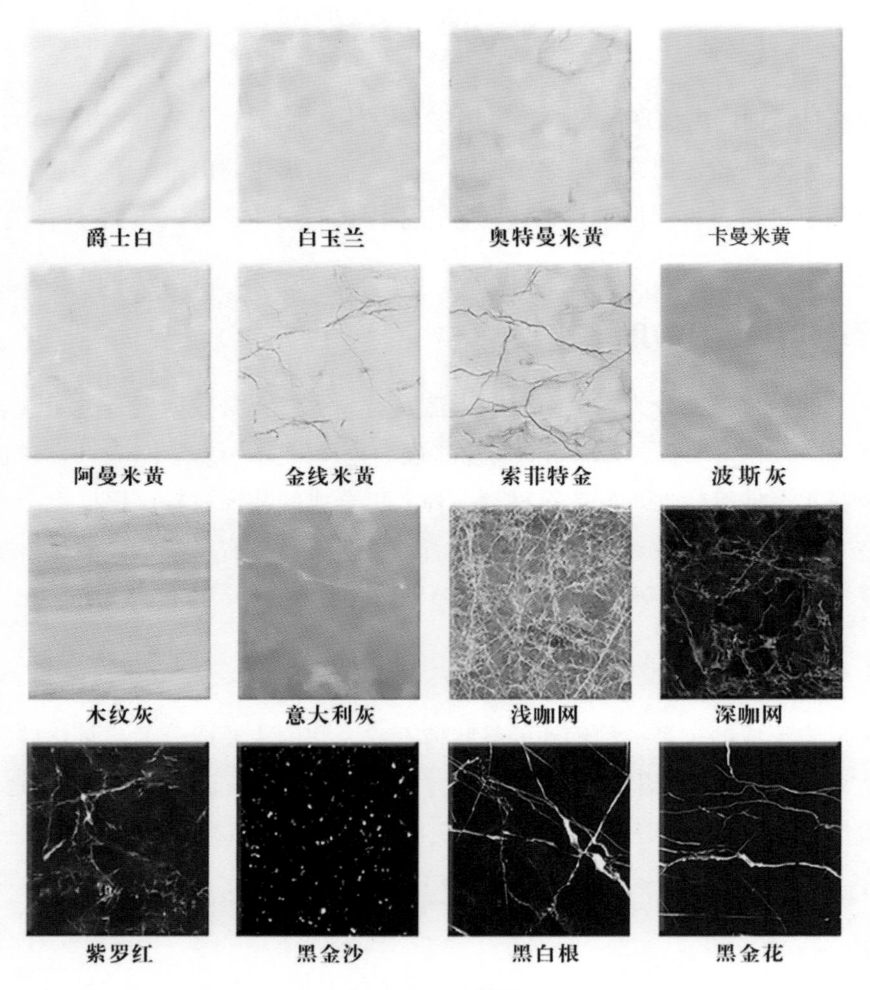

图 4-7　大理石

知识拓展：门槛石的应用

门槛石也叫过门石，主要应用在两个不同空间交界的地方，如客厅和卧室。门槛石在瓦工环节需要业主自行购买。做门槛石的材料比较多，常用的有天然石、人造石，还有瓷砖等。如果从材质上来看，建议选择天然石，耐磨性好，还能防滑、防水。从硬度来看的话，花岗岩也不错，但是它的纹理和色彩相对暗淡；瓷砖价格便宜但是它的使用寿命比较短，容易发生断裂，所以使用瓷砖的用户并不是很多。因此更多消费者会选择大理石，不但质感好，还耐用。

（1）两个衔接的房间，地面用不同材料铺贴，就需要门槛石来衔接，这样收口的时候更容易施工。

（2）地面有高度差，防挡水 。像阳台、厨房和卫生间区域，在地面铺贴时，往往会比客厅、餐厅和卧室高出 1cm，这种高低差，就需要用门槛石来调整，在地面低的那边做倒角、圆角、斜角都可以。

现在的门槛石颜色主要是黑金花、黑金沙、黑白根、银白龙、深啡网、浅啡网、紫罗红、印度红，具体还是参照装修的整体风格。

（3）飘窗台。室内卧室空间，目前设计多是大飘窗结构，台面需要铺贴飘窗石，考虑大理石辐射性，飘窗石通常选人造石，毕竟在室内空间，铺贴面积较大时，需要考虑环保健康。

二、石材的选购

越来越多的空间在装饰、装修时会使用到石材，尤其是公共空间或是商业空间，居住空间为了追求装饰、装修效果，也会在局部运用石材，所以石材在选购时，除了考虑石材本身的纹理图案、装饰风格和谐外，还必须要把关石材质量。选择石材和瓷砖的方法大致差不多，主要从观、量、听、试几方面确定。

（一）观

观即肉眼观察石材的表面结构。一般来说，均匀的细料结构的石材具有细腻的质感，为石材之佳品；粗粒及不等粒结构的石材其外观效果较差。另外，石材由于地质作用的影响常在其中产生一些细微裂缝，石材最易沿这些部位发生破裂，应注意剔除。至于缺棱角更是影响美观，选择时尤应注意。

（二）量

量好石材的尺寸规格，以免影响拼接，或造成拼接后的图案、花纹、线条变形，影响装饰效果。

（三）听

听石材的敲击声音。一般而言，质量好的石材其敲击声清脆悦耳；相反，若石材内部存在轻微裂隙或因风化导致颗粒间接触变松，则敲击声粗哑。

（四）试

即用简单的试验方法来检验石材的质量好坏。通常在石材的背面滴上一小粒墨水，如墨水很快四处分散浸出，即表明石材内部颗粒松动或存在缝隙，石材质量不好；反之，若墨水滴在原地不动，则说明石材质地好。

知识拓展：石材选购注意事项

（1）石材有放射性合格证，在购买时可向经销商索要。没有合格证的不要购买，同时要注意，室内装修要选用的是 A 类产品。

（2）在大理石和花岗岩选择上，要首先考虑大理石，在正常情况下，花岗岩的放射性大于大理石的放射性。

（3）一般情况下，石材的考虑应为黑色、灰白色、肉红色、绿色、红色，从放射性来看，从高到低依次为：红色 > 绿色 > 肉红色 > 灰白色 > 白色 > 黑色。

第三节　瓦工辅料

室内装修中，主材最能体现装修的档次和质量，但辅料的地位也不容忽视，与主材同等重要，辅料性能优劣直接影响到装修工程的质量，所以千万不能重主材轻辅料。

一、水泥

普通水泥的主要成分是硅酸盐，成品为粉状，加入适量水后成为塑性浆体，既能在空气中硬化，又能在水中硬化，并能把沙、石等材料牢固地黏在一起，形成坚固的石状体的水硬性胶凝材料，是不可缺少的装饰工程基础材料（图 4-8）。水泥一般按袋销售，普通袋装的重量一般为 50kg。水泥有标号，其为水泥“强度”，指水泥凝固后的强度，表示单位面积受力的大小，是指水泥加水拌和后，经凝结、硬化后的坚实程度。水泥的强度是确定水泥标号的指标，也是选用水泥的主要依据。这个强度包含水泥凝固后的抗压能力和抗拉的承受能力。水泥标号越高，这个强度值就越大，反之则越小；水泥的标号还意味着水泥凝固的速度。其实水泥标号不是越高越好，选择不同标号的水泥，除了要考虑价格因素外，还要考虑水泥的用途。家庭装修中，水泥主要用于瓷砖铺贴、地面找平、墙面砌筑批荡等，所以室内装修中一般使用标号 32.5 的水泥。

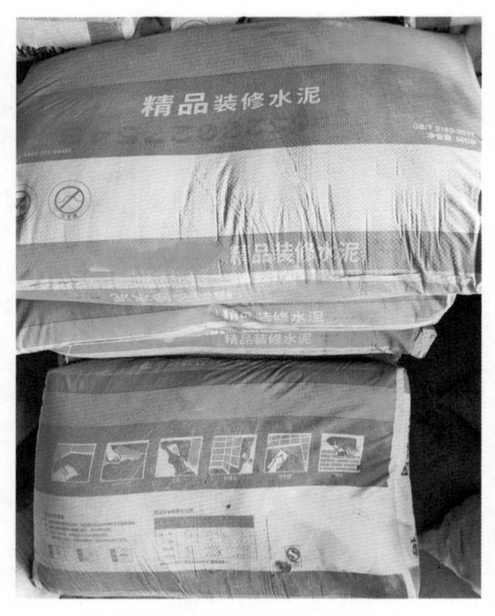

图 4-8　水泥

二、沙

沙是调配水泥砂浆的重要材料。从来源上分，主要分为海沙、山沙和河沙。海沙比较洁净，但是盐分太高，海沙会与钢筋等金属产生化学反应，加速钢筋腐蚀，降低钢筋强度，减少建筑的寿命，而且与水泥掺和在一起也会影响水泥的水化反应，降低水泥的黏结力，时间久了墙面会发黄脱落，国家禁止建筑装饰当中使用未经过淡化处理的海沙，但是淡化处理成本较高；山沙顾名思义就是山上的黄沙，又称土沙，因为沙子含土量高且粗糙，里面成分复杂，沙子如果含土量高的话就会降低水泥的灰号，从而导致做出来不结实，所以山沙也是不建议使用；河沙是建筑装饰当中最好用的沙子，比较洁净，没有盐分，杂质少，同时和水泥的黏合也比较好，是室内装修的最好选择。从规格上分，沙又可分为细沙、中沙和粗沙。沙子粒径 0.25 ～ 0.35mm 为细沙，粒径 0.35 ～ 0.5mm 为中沙，大于 0.5mm 的称为粗沙，一般室内装修中粗沙用于贴地砖和地面找平，水泥和沙的比例为 1 ： 3 左右；细沙用于贴墙砖，水泥和沙的比例为 1 ： 1（图 4-9、图 4-10）。

图 4-9　粗沙

图 4-10　细沙

知识拓展：海沙和河沙的区别

从外观上看，河沙色泽相对黄亮，海沙色泽暗深，显深褐色；河沙颗粒较粗，海沙较细腻。

三、砖

瓦工项目阶段使用的砖通常有轻质砖、水泥砖、灰砂砖以及红砖。室内装修中常用轻质砖和水泥砖。

（一）轻质砖

轻质砖一般指发泡砖，具有良好的可加工性，施工方便简单，具有块大、质轻、保温、隔热、吸声、隔音、环保等特点，被广泛应用于室内装修中，室内隔墙常用轻质砖，可有效减小楼面负荷，且隔音效果不错（图 4-11）。轻质砖具有以下优点：

图 4-11　轻质砖

1. 体重轻

轻质砖是用泡沫小颗粒和水泥搅拌凝结而成的，泡沫相对于其他物质具有体重轻的优势，因此砖体相较于其他砖体还是比较轻的，能够有效减轻城市建筑物的负荷。

2. 抗震性好

轻质砖是一种多孔材料，这些小孔能够有效分散地震带来的强烈冲击波，加上自身轻质的体重，建筑物负荷小了，抗震性也就强了。

3. 不开裂、抗水性强

正是因为添加了小颗粒的泡沫，所以这种砖韧性就加强了，不会轻易开裂空鼓，同时泡沫材质使泡沫砖吸水性强。

轻质砖除具有以上优点外，也有一些缺点，因自身的重量轻，不适合在承重墙中使用，而且不能用在低层墙面；由于它密度不高，如果在上面钉钉子或膨胀螺栓很容易松动。

（二）水泥砖

图 4-12　水泥砖

水泥砖是指利用粉煤灰、煤渣、煤矸石、尾矿渣、化工渣或者天然砂、海涂泥等（以上原料的一种或数种）作为主要原料，用水泥做凝固剂，不经高温煅烧而制造的一种新型墙体材料（图 4-12）。水泥砖具有以下特点：

（1）外形古朴美观，没经过高温煅烧，保留了泥土原始的色泽，给人一种亲近自然的感觉。

（2）承重力强，水泥的黏性、凝固性都很强，因此水泥砖的承重力相比较于其他砖体更强。

（3）环保健康，水泥砖的原材料是天然材料回收利用，在制作过程不添加任何化学物质，在建筑使用时也不会对人体产生任何伤害的。

但水泥砖与砂浆的结合性不如其他砖，容易在墙面产生缝隙，影响美观，在刚开始使用时需要经常喷水，比较麻烦。

（三）灰砂砖

灰砂砖是以沙和石灰为主要原料，掺入颜料和外加剂，经坯料制备压制成型，经高压蒸气养护而成的普通灰砂砖，适用于多层混合结构建筑的承重墙体，标准尺寸为 240mm × 115mm × 53mm。

（四）红砖

红砖是以黏土、页岩、煤石等为原料，经粉碎混合捏练后，以人工或机械压制成型，经干燥后在 900 ℃左右的温度下以氧化焰烧制而成的烧结型建筑砖块，其标准尺寸为 240mm × 115mm × 53mm（图 4-13）。

图 4-13　红砖

四、胶黏剂

胶黏剂就是我们俗称的胶水，是施工必不可少的建筑材料，常用的胶水主要有瓷砖胶、建筑装饰 801 专用胶水、玻璃胶等。所谓“无醛不成胶”，胶水本身含有较多的有害物质，是室内装饰污染的源头之一，因而在施工中选择胶水也需要特别注意，如果使用不合格的胶水，就会造成很大的危害。

（一）瓷砖胶

瓷砖胶又称瓷砖黏合剂，主要用于粘贴瓷砖、墙面砖、地砖等装饰材料，广泛适用于内外墙面、地面、浴室、厨房等建筑的饰面装饰场所。其主要特点是黏接强度高、耐水、耐冻、耐老化性能好且施工方便，是一种非常理想的黏接材料（图 4-14）。

图 4-14　瓷砖胶

知识拓展：瓷砖胶使用注意事项

瓷砖胶使用时基层需要保持平整，高低不平或表面粗糙的地方可以使用水泥砂浆抹平；清除基层浮灰、油等污渍，否则会影响瓷砖胶的黏合度；调黏合剂，水灰比例约为 1 ∶ 4，搅拌均匀；将混合后的黏合剂涂抹在要铺设的瓷砖背面，用力按压，直到瓷砖面平实，15min 内铺上的瓷砖可以通过移动纠正位置，黏合剂应在 5 ～ 6 小时内用完。

（二）玻璃胶

玻璃胶按性能可分为中性玻璃胶和酸性玻璃胶两种。一般用于室内装修黏接。室内装修中一般使用玻璃胶的地方有木线背面哑口处、洁具、坐便器、卫生间里的化妆镜、洗手池与墙面的缝隙处等，这些地方要用不同性能的玻璃胶。中性玻璃胶黏接力比较弱，一般用在卫生间镜子背面这些不需要很强黏接力的地方。中性玻璃胶在室内装修中使用比较多，主要因为它不会腐蚀物体，而酸性玻璃胶一般用在木线背面的哑口处，黏接力较强，如图 4-15 所示。

图 4-15　玻璃胶

知识拓展：玻璃胶操作方法

玻璃胶要打得美观、漂亮，必须掌握一定的方法。

首先要确定打胶的宽度，也就是缝隙宽度；根据打胶缝隙的宽度，将胶嘴切成比缝隙稍小的口径；在缝隙两边的玻璃、型材、石材等上面贴上 2 ～ 3cm 宽的胶纸，起到保护作用，也对修正缝隙里面的胶也有很大的方便之处；掌握好打胶的速度和胶枪移动的速度，根据缝隙的深浅均匀地移动胶枪，顺着一条线打下来，不能停顿，用力要均匀，要一次性打到位。打完胶后进行修整，用铲刀将不平整的地方刮平，对没有打进缝隙的地方进行补胶；48 小时以后再将材料两边的胶纸揭掉即可完成施工。

（三）云石胶

云石胶属于不饱和聚脂树脂，适用于各类石材间的黏接或修补石材表面的裂缝和断痕，常用于各类型铺石工程及各类石材的修补、黏接定位和填缝，如厨房石英石台面的黏接。

（四）干挂胶

干挂胶属改性环氧树脂聚合物，有卓越的抗老化性能，韧性极强，固化后抗水、防潮、抗化学性能极佳，耐候性能良好（-30 ～ 90℃），是干挂施工的结构胶。

五、防水涂料

防水涂料，经固化后形成防水膜，能起到防水、防渗和保护作用。开发商建房时本身会做建筑防水，如果质量好的话，一般不会出现渗漏现象。但新房装修中常常进行水电改造，势必破坏原开发商做的防水层。为了加强防水设置、保护财产安全、避免邻里纠纷，所以新房装修必须做防水。同时家庭的防水还能够延长房屋的使用年限，避免因漏水导致的房屋墙体装修层的脱落。防水材料是室内装修工程的基础材料，防水不做好，基础不牢，在其上的装修材料会引发许多问题，如地面渗漏、墙面潮湿霉变，会对室内环境产生污染。

就家庭而言，防水主要包括厨房、卫生间、阳台、露台及容易受潮地面、墙面等范围。防水不当所导致的渗漏、发霉等问题将严重影响生活，很多家庭都深受其害。具体做法是：清理干净地面、墙面空间里灰尘、石块等，涂刷防水材料，墙面一般做到 1.8m 高度，如果墙背面是木质家具，建议防水做到顶部，尤其要注意边角，一般涂刷防水材料 2 ～ 3 遍（图 4-16 ～图 4-18）。

图 4-16　防水粉料

图 4-17　通用防水浆料

图 4-18　柔性防水浆料

知识拓展：施工前的核验

无论是采用何种装修方式，施工前业主最好对施工现场的材料进行检查验收。对于主材的检查，主要核对购买的品牌、规格、颜色是否一致，同时最好拆开包装，检查瓷砖是否有断缝、破角、破边等现象，随意抽取两片相同面砖，比较亮度、平整度、颜色等是否有明显差距；同时清点数量，以免后期施工过程中出现不必要的麻烦或纠纷。对于辅料如砖、水泥、沙子的检查，如轻质砖主要看规格是否为 240mm × 120mm × 60mm，硬度强；水泥通常采用 32.5 号水泥，查看包装是否完好，包装上是否印有注册商标、品种、标号等，尤其是生产日期，使用期限是否过期（三个月以内），详见水泥纸袋的标签，如颜色呈黑灰色或深灰色，色泽发黄、发白的水泥最好不要使用；根据沙的粗细分类，观测其含泥量是否超标。无论主材还是辅料，验收完毕后最好和第三方进行确认工作。正规的装饰公司，在验收材料时，如果检查结果材料合格，验收人应该在瓦工材料验收单上签字。这样做才是一个较完整的过程。

第四节　瓦工施工流程及施工要点

一、砌墙施工

改造原来户型结构后的新砌墙体，厨房入口用轻质砖砌 120mm 墙体；厨房净宽增加 370mm，与儿童房之间用轻质砖砌 120mm 墙体；儿童房原房间门用轻质砖砌上，改变门洞开口位置；同时次卫干区部分用轻质砖砌宽度为 550mm 的 120mm 墙体，如图 4-19 所示。

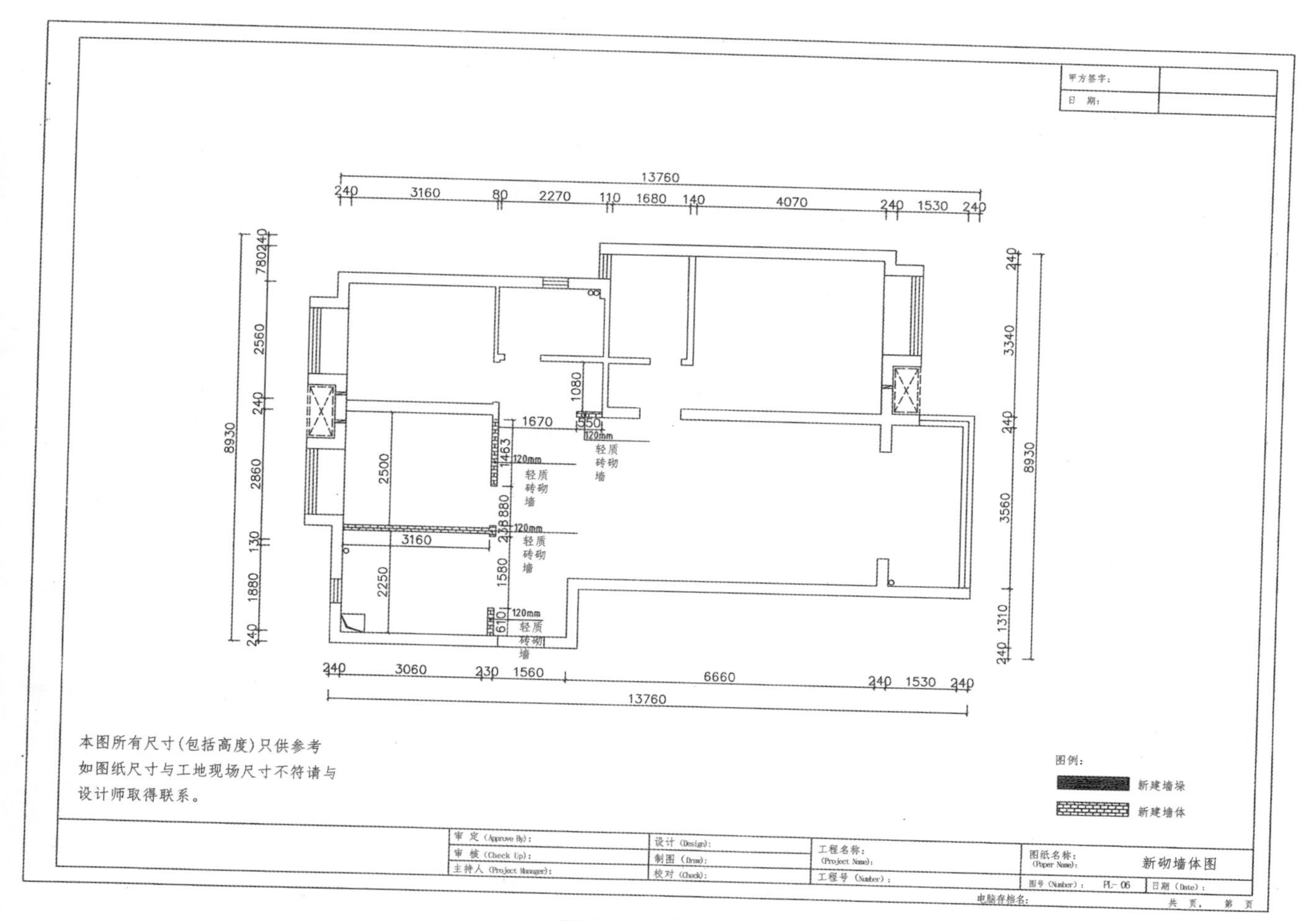

图 4-19 砌墙图

室内隔墙通常做法有两种，一种是用轻质砖砌墙，另一种是用轻钢龙骨石膏板隔墙，后者属于木工施工，因此本项目瓦工阶段只介绍轻质砖砌墙施工部分。

轻质砖砌墙施工前安排好材料的堆放区域，砖应按砌墙位置就近摆放，尽量使工作面畅通。

1. 施工流程

（1）根据施工图纸，在地面、墙面、顶面用水平仪、弹线确定位置。

（2）基层清理。将砖砌体与原墙、地交接处批荡层打掉清理干净，并浇水湿润。

（3）新砌墙体前，轻质砖需提前湿水，自然晾干，表面无明水。

（4）用 32.5 号水泥和中沙按 1 ∶ 3 比例搅拌好水泥砂浆，忌在铺设地板的地方搅拌水泥砂浆。

（5）起角。砌筑前先试排砖样，起两档码头，砖外棱角靠垂直线，称为起角，后从第一层砖起挂一条水平线，与两条垂直线相交（图 4-20）。

（6）吊线。墙体是否垂直的关键在于起角的垂直准确。通常施工人员会在起角第一层砖时从天棚到砖的外侧角挂一条垂直主控线，再用吊锤静止摆动，微闭一只眼睛，让吊线、“被测面”与眼睛保持一线，看线和被侧面是否可以完全吻合一致，如果一致则表示“被测面”是垂直于地面的，如图 4-21 所示。

图 4-20　起角

图 4-21　吊线

（7）铺浆。砌砖应采用铺浆法，铺浆长度不宜超过 750mm，施工期间气温超过 30℃时铺浆长度不得超过 500mm，如果是 600mm 规格的轻质砖铺浆长度略超过一块砖的长度。

（8）摆砖砌墙，轻体砖打灰浆饱满，新砌墙体横缝、竖缝灰浆填充密实；砌砖宜采用“三一”砌砖法，即一铲灰、一块砖和一揉压。

2. 施工要点

（1）砌墙的灰缝宽度 8 ～ 10mm 为宜，高度控制在一天内 2m 为宜。

（2）新墙在砌筑时，为安全牢固，砖砌体的转角交接处应配置拉结钢筋，小于或等于 12 墙的平行面用 1 根钢筋；大于 12 墙的用 2 根钢筋；垂直面钢筋间距不能超过 600mm；在旧墙、柱需植筋位置用冲击钻开 8 ～ 10mm 孔，吹尽孔中粉尘，用 6 ～ 10mm 钢筋醮满已配好的植筋胶植入孔中，钢筋入墙体或柱体不得少于 100mm，钢筋伸入新墙体不少于 500mm；每 800mm 高度，进行植筋（图 4-22）；混凝土墙体则在原有墙体钻孔焊接或用膨胀螺栓连接。原有的轻质墙体或砖墙可采用马牙槎形式（图 4-23、图 4-240）。

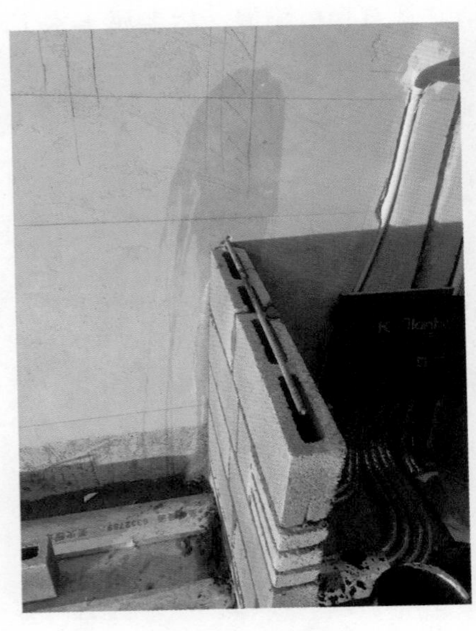

图 4-22　植筋

图 4-23　木马槎

图 4-24　马牙槎

（3）新砌墙体门洞上方，浇筑水泥钢筋预制过梁安装，跨度门洞墙体左右各 60 ～ 150cm（图 4-25）。

（4）上沿收口墙砌筑至梁顶下 200mm 处，应作斜砌处理，即用小砂砖或红砖打斜至 45° 砌筑（图 4-26）。

图 4-25 过梁

图 4-26 斜砌

知识拓展：砌墙小贴士

（1）室内间墙无梁处或承重梁 300mm 以外，严禁使用红砖、灰砂砖，应用轻质砖间隔。

（2）砌墙灰浆应饱满，禁止砖缝透光，灰缝宽度宜为 10mm。

（3）新墙与楼面结合部分，有瓷砖、木地板、樞动的地平及杂物都要清理干净。

二、批荡施工

批荡，即“抹灰”，是指用水泥砂浆在砌好的墙表面抹上 20mm 左右厚的水泥砂浆层（图 4-27），使墙体表面平整便于铺贴瓷砖或扇灰进行乳胶漆的涂刷，同时也起到保护墙体以及防水隔热、隔声等作用。施工流程如下：

图 4-27 抹灰

（一）墙体基层清理

墙砌完工后，及时清理墙面灰缝多余砂浆，对砂浆不饱满的砌缝应作填缝处理，不允许灰缝透光；清理工作面的碎砖、砂浆等。

（二）挂网

新砌墙体要求双面满挂钢丝网，对新旧墙体、梁柱交接处挂网应不少于 200mm 搭接；挂网要平贴墙面，不得起鼓、翘角、漏挂（图 4-28）。

（三）洒水湿润

对新砌墙体洒水湿润，以免砂浆因吸水过快而影响批荡质量。

（四）冲筋

拉一条水平线，并与墙面最高点间距约为10mm，吊一垂直线与水平线相交；沿垂直线每隔500mm固定一枚钢钉，钉帽与线平齐；拔掉垂直线，平钉帽批一条约100mm宽冲筋条，冲筋宜每隔1.5m钉一条（图4-29）。

图4-28　墙面挂网

图4-29　墙面冲筋

（五）批刮

按1 ：3比例搅拌调配水泥砂浆；待抽筋水泥24小时干透后，用批刮抹子配合木托板，将砂浆上到两条冲筋条中间，抹子托住砂浆由下至上移动，在新砌的墙面上进行大面积的批荡；批荡不宜太厚，每遍厚度不应超过10mm；用2m靠尺由下至上贴住冲筋条批刮，并及时填补低洼处砂浆，同时检测批荡的平整度。

（六）搓平压光

普通批荡要求砂光，等砂浆表面大致收水，用木托板打圈搓平，基层出现磨砂颗粒状；高级批荡要求压光，指在砂光基础上，再用清光抹子做压光处理，基层表面光洁细腻。

（七）保养

及时清理工作面剩余砂浆，待干12小时后，洒水保养。

知识拓展：批荡小贴士

室内批荡应等上水、下水、煤气等管道安装好后，将管道穿过的墙洞加套管填嵌严实，才能进行批荡；批荡施工时，应等前一层批荡层凝结后，才可批荡下一层；批荡层的平均厚度：顶棚15mm，混凝土18mm，内墙挂网20mm；为防止砂浆受冻后停止水化，一般要求施工现场温度不低于5℃；有排水要求的部位应做滴水线，滴水线应内高外低，滴水线的宽度和深度均不应小于10mm。

三、包立管

在室内装修中把厨房和卫生间的下水管道立管用装饰材料包装起来，起到装饰的作用。另外管道用水时，时常会传来哗哗的流水声，尤其在夜间可能会影响睡眠，鉴于此，在家庭装修中，我们通常用包立管工艺来解决管道的装饰和噪声干扰。施工流程如下：

（一）用隔音棉进行包管

隔音棉是一种吸音降噪材料，同时可以缓和管内外的温差，以免水管管壁产生冷凝水，具有很好的防潮功能。用隔音棉进行包管操作简单，可以直接用隔音棉包裹管道，建议整个管道都进行包裹，包括顶上的横管，可以将噪声降到最低的同时，也避免因铝扣板吊顶、管壁因水温温差产生冷凝水渗水到铝扣板上（图 4-30）。

图 4-30　隔音棉

（二）使用白胶带固定

用白胶带将隔音棉和管道紧密缠绕在一块，松紧适中，接缝处不要留缝隙，一直将管道缠绕完毕。

（三）轻质砖围砌包立管

白胶带缠绕完毕后，用轻质砖将立管砌起来。批荡后，在表面进行墙砖的铺贴，这样整个空间装饰一致，整体和谐（图 4-31）。

（四）水泥板围砌包立管

白胶带缠绕完毕后，用水泥板将立管围砌起来。水泥板是目前市场上一种新型包管材料，施工方便且板材薄（图 4-32）。

图 4-31　轻质砖包立管

图 4-32　水泥板包立管

知识拓展：包立管小贴士

（1）包立管工艺一般使用在卫生间、厨房、阳台等有下水管的空间。

（2）包立管工艺应该在吊顶、地面、墙面施工前完成，否则会影响其他工序施工质量。

四、地面找平

地面找平是指将室内原始地面，通过一定的方法找平，使地面平整度达到一定的标准，便于下一步施工。地面找平的另一重要的作用就是通过找平，可以使室内各个空间处于同一水平位置。地面找平，关键还在于确定找平高度，根据铺贴方案（瓷砖还是木地板），来确定客餐厅和卧室标高，这样才能确保空间处于同一水平高度，通常厨房、卫生间以及阳台会略低于客餐厅、卧室地面高度 10mm，起到一个挡水的作用（图 4-33）。

地面找平可以分为两种，一种是水泥砂浆地面找平，另一种是目前较流行的自流平水泥找平。前者找平使用的是普通的水泥砂浆，具有一定的缺陷，一是平整度控制不能做到最大的精确，找平厚度高；二是施工工艺容易因为施工方的技术问题导致房屋地面增高。

图 4-33　地面找平

后者是自流平地面找平。这是新的一种找平技术，于 2005 年开始进入国内建筑地面行业。它采用了高聚合自流平水泥来进行地面处理，优点颇多，可以将地面最薄找平在 3mm，厚度可控性好、地面强度高、平整度远远高于水泥砂浆找平。可以用来做室内装修地面找平。适用于各类体育场馆、酒店、办公场所等对地面要求高的找平。家庭装修铺装木地板前的地面找平，也适宜使用自流平地面找平。

目前就本地市场而言，自流平找平价格相比水泥砂浆找平价格会高一些，选择普通水泥砂浆的还是多一些，预算充足的业主会选择自流平。我们以水泥砂浆来介绍地面找平施工流程。

（一）水泥砂浆地面找平

施工前，应对施工人员进行技术交底，施工的温度、湿度等环境应满足施工要求，水泥砂浆地面找平施工流程如下：

1. 基层清理

把粘在基层上的浮浆、泥块铲除干净，灰尘清扫干净，检查地面基层是否存在空鼓，并洒水湿润地面。

2. 标高定位

仔细了解铺设地板的规格、类型和厚度，计算出找平层的厚度，做好水平标志，以控制找平的高度，可采用竖尺、弹线等方法，在四周闭合墙面弹出找平层的控制线。

3. 找地筋

地筋的作用是确定找平的高度，同时还可以确保找平的平整度。如果房间大，则必须找地筋（图 4-34）。具体施工要点如下：

图 4-34　地筋

（1）按需找平房间门口纵向拉通线，靠墙拉线，距墙 100mm 为宜，线与线的间距为 1500mm 为宜，通线两端平墙面控制线。

（2）沿通线用砂浆做 50mm 宽砂浆带，嵌入 T 字冲筋条，面朝下，冲筋条以控制通线调平一致。

（3）如果房间面积不大，可以只做灰饼（5cm × 5cm），横竖间距 1500mm，在灰饼上平面即为地面层标高。

4. 找平压光

浇水湿润基层，调配砂浆、找平砂浆配比为 1 ∶ 3，砂浆调配不宜过稀，应稍干于批荡砂浆；将水泥砂浆铺在冲筋条之间，再用 2m 靠尺刮平；以向后退刮的方式，每刮平 1000mm 左右用木搓板搓平压实，以搓出水泥浆为最佳，随即用清光抹子清水；采用刮一段、搓一段、清一段的退后施工法，一次成型，不允许二次踩踏。

5. 洒水保养，检测平整度

待找平完工后，间隔 24 小时洒水保养，保养次数不得少于两次。

（二）自流平地面找平

比较适合安装地暖的房间和层高比较矮的房间，首先因为自流平地面找平厚度较薄（通常在 2 ～ 5mm），不会影响地暖的热传导。其次由于自流平地面找平厚度较薄的缘故，所以不会影响室内的高度视觉感。地面使用自流平水泥找平的施工流程及要点如下：

（1）对地面进行预处理。一般毛坯地面上会有突出的地方，需要将其打磨掉。可以采用旋转平磨的方式将高的地方打磨下去（前提是下边没有管道）。

（2）在打磨平整的地面上涂刷两次界面剂，作用就是让自流平水泥和地面衔接地更紧。

（3）界面剂干燥之后，就可以将搅拌好的自流平水泥倒在地上，然后用工具推杆水泥，将水泥推开推平。

（4）使用滚筒压匀水泥时，要注意用力均匀，自流平水泥一定要用带钉的滚杆滚平，不能有气泡，如果缺少这一步，很容易导致地面出现局部的不平，以及后期局部的小块翘空等问题。

五、墙地砖铺贴

（一）铺贴前的准备

1. 了解铺贴图

详细了解铺贴图，做到了然于心（图 4-35）。

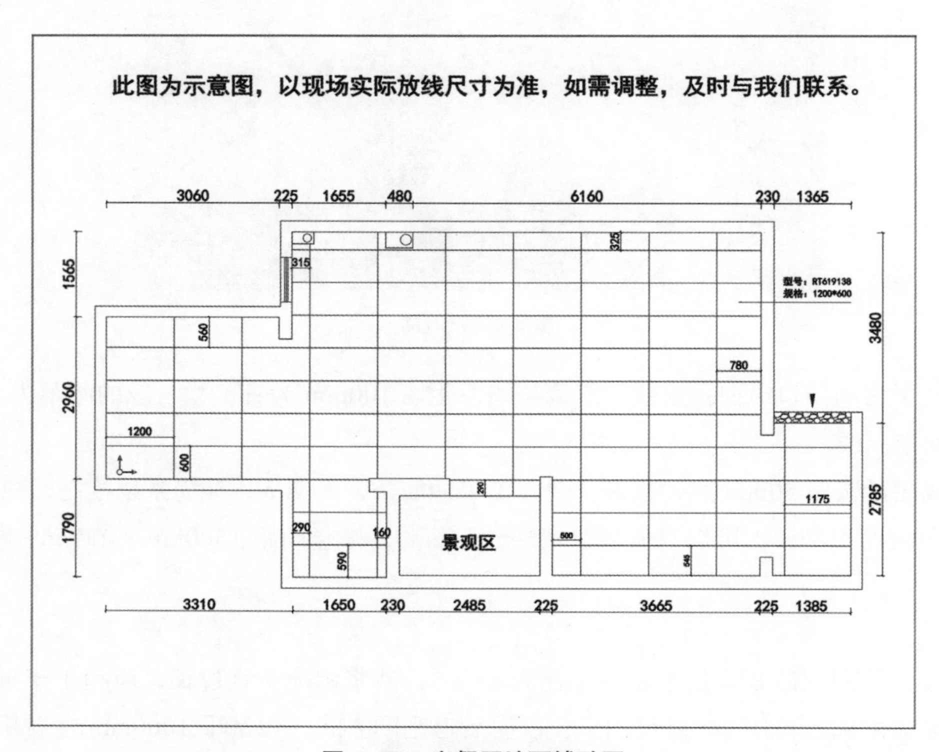

图 4-35　客餐厅地面铺贴图

2. 基层处理

检查墙、地面是否存在空鼓，将墙面、地面清理干净，并提前一天浇水湿润。

3. 确定标高

以施工水平线为基础，确定全屋标高；根据现场实际情况，饰面层完成面高度主要按入户门门坎高度或阳台推拉门导轨槽高度来确定。

4. 选砖

开箱挑选，检查砖的色差、直角度、翘曲度。有斑点、夹层、起泡、溶洞、磕碰、麻面、裂纹、剥边、缺釉缺角等问题的一律不用，平整度、边直度的偏差正负大于 0.5mm，直角度的偏差正负大于 0.6mm 的一律不用。

知识拓展：浸砖

因考虑装修预算，有时会选择部分瓷片砖来铺贴墙面，这部分瓷片砖需要浸泡，提前 2 小时浸水，充分湿润，阴干到表面无明水方可使用。同时，瓷砖在铺贴前，除了前面我们讲过的业主要验收瓷砖外，瓦工师傅也会查验，查验平整度、有无破损掉角现象，另外还要查验瓷砖的吸水率，正规商家出厂的瓷砖在包装盒上对瓷砖的吸水率都有备注。查验吸水率决定了在铺贴前要不要对瓷砖进行泡水，如果吸水率＜0.5%，在铺贴时就无需泡水。客餐厅、厨卫、阳台用的墙砖与地砖，如果吸水率＞10%，则瓷砖必须充分泡水。吸水率过高的瓷砖如果不泡水就直接贴砖，会很快吸收水泥砂浆中的水分，容易造成贴好的瓷砖空鼓、脱落和开裂。说到“浸泡”，那么瓷砖就一定要全部浸入水中，一般施工方会准备一个大盆。不能将瓷砖摞起来用水管向上面淋水，这样只能将瓷砖浸湿，并不能让瓷砖充分“喝饱”，由于不同瓷砖的吸水率不同，浸泡时间没有一个具体的标准。但是最终的结果是要瓷砖“喝饱水”，直到不再冒气泡为止。吸水率高的，泡得就要久一些。雨季天因空气湿润，时间也要相应缩短；天气干燥时，时间则要相应增长。同时瓷砖往水盆里放的时候，一定要釉面朝上，陶面朝下。如果釉面朝下，瓷砖角互相磕碰，容易掉瓷。瓷砖泡完水时，在地面上垫上包装纸箱，将瓷砖背靠墙放置，釉面朝上。如果反了，釉面的尖角着地，容易磕掉瓷。一般在购买瓷砖的时候都会考虑到损耗等问题，所以购买时可多买一些。瓷砖泡水以后有剩余是不能退的，因为泡水之后，颜色会变暗，新旧瓷砖对比会出现明显的色差，而且再泡水时，颜色也会不一样。

（二）墙砖铺贴施工流程及施工要点

厨房、卫生间和阳台做墙砖的铺贴施工前，卫生间墙面和阳台（如果不安装阳台门窗）墙面需要做防水处理。施工流程如下：

（1）弹线定位。

（2）涂刷 801 胶水，目的是基层清理及墙面润湿，避免墙体将粘接层内水分瞬间吸收，导致空鼓；（图 4-36）。

（3）排砖：如果有瓷砖品牌商提供的瓷砖铺装设计图，师傅可以直接照设计图进行铺贴；如果没有提供，师傅应根据设计和工艺情况，试排砖块，原则是非整砖应放在次要位置或者阴角处，同一墙面横竖排列的非整砖不能超过一行；非整砖的宽度不宜小于整砖的 1/3；如果铺贴腰线砖或花片砖，应尽量避免冷热水龙头，以免破坏完整影响美观。

（4）墙砖铺贴（图 4-37）分为以下几个步骤。

图 4-36　801 胶水

图 4-37　墙砖铺贴

（1）根据水平基准线，在起始铺贴处钉上木条，用于控制内墙砖的水平度和垂直度。

（2）调和水泥砂浆，将水泥和细沙按 1 ： 2 比例搅拌均匀，加水调和，搅拌好的水泥砂浆必须在 2h 内用完，不能二次加水使用。

（3）均匀涂抹水泥砂浆在墙砖背面，对照基准线，从一端开始起铺贴，从上到下贴；特别要说明的一点，如果是地砖上墙，铺贴前瓷砖背面需要涂刷瓷砖胶，加强黏性。

（4）铺贴时，用橡胶锤轻轻敲击，使墙砖与墙面黏合，在涂抹水泥砂浆时，抹灰要饱满、均匀，尤其要注意四个角的抹灰要到位，避免后期空鼓和脱落。

（5）贴好第一块砖后，需要用靠尺检查水平度，若有不平整，应用橡胶锤轻轻敲击进行调整。

（6）墙瓷砖与墙头砖之间采用 1 ～ 2mm 十字卡进行留缝处理。

（7）铺贴阴阳角时，需要用云石机将阳角对应墙砖切割成 45° 用，也就是“碰角”处理；粘贴阴角墙砖时，需要对待贴的墙砖进行精确测量，做到严丝合缝（图 4-38）。

（8）在铺贴墙砖的过程中，卫生间有各种水龙头、厨房有各种插座底盒，这就需要对部分墙砖进行切割或打孔。

（9）清理：墙面铺贴基本完成后，应及时将留在砖面的水泥或其他粘污物体抹擦干净；铺贴 12 小时后，应敲击砖面进行检查，若发现有空鼓声的应重新铺设。砖铺贴完成 24 小时后方可行走。

（10）填缝 / 美缝：主要是针对瓷砖铺贴时留下的缝隙而施工。家庭装修中，墙砖铺贴完成一周左右后，就可以对瓷砖进行填缝或者美缝施工，也可以选择保洁后再施工。两种施工的材料和工艺有些差异，主要根据业主需求，相对而言，家庭装修中普遍使用美缝，工装装修中普遍使用填缝。早些年前家庭装修中基本都是使用白色水泥对瓷砖进行填缝施工，弊端是时间长，缝隙容易发黑，影响美观；准确来讲美缝剂是在填缝剂的基础上进行了工艺升级，颜色多、装饰效果强，也不会产生发黑现象（图 4-39）。

图 4-38　阳角碰角

图 4-39　美缝

（三）地砖铺贴施工流程及施工要点

地面铺贴常见空间一般有客厅、餐厅地面、厨房地面、卫生间地面、阳台地面等。因卫生间地面和其他空间地面结构不一样，有其特殊性，所以地面铺贴有其特殊流程及工艺特点。

1. 卫生间地面铺贴施工流程如下：

（1）防水处理：卫生间地面铺贴之前要做防水处理。

（2）地面回填并做二次防水处理。

（3）固定好蹲便器，这样有利于排砖。

（4）排砖：如果有瓷砖品牌商提供的地面铺装设计图，可以直接按照设计图进行铺贴；如果没有，应根据设计和工艺情况试排砖块，通常是非整砖应放在次要位置或者阴角处。

（5）铺贴门槛石定位水平面。将门槛石有棱角的一头朝卫生间，门槛石平面的一头朝外面空间。

（6）铺贴地砖：①铺贴前，在地面铺散干硬性水泥砂浆，根据门槛石的厚度确定砂浆的基本厚度；②将水泥和水按 1 ∶ 3 搅拌，保证砂浆的干湿适度，以“手握成团，落地开花”为准，砂浆要摊开铺平；③调整砂浆的平整度，并进行试铺（图 4-40）；④把地砖铺在砂浆之上，使用橡胶锤敲打结实，然后拿起瓷砖，看砖是否平整；砂浆是否有欠浆或是不平整的位置，撒上砂浆进行补充填实（图 4-41）；⑤正式铺贴，在地砖背面刮上水泥砂浆，用水平尺和橡胶锤进行调整；卫生间的地面在铺贴时要有 2% ～ 3% 的坡度，坡度向地漏方向倾斜，避免用水时造成积水；⑥瓷砖部分挖孔，如地漏，要根据地漏尺寸在瓷砖上准确切割（图 4-42）；⑦清理：地面铺贴基本完成后，应及时将留在砖面的水泥或其他粘污物体抹擦干净。铺贴 12 小时后，应敲击砖面进行检查，若发现有空鼓声的应重新铺设。砖铺贴完成 24 小时后方可踩踏、行走；⑧美缝：地砖铺贴完成一周左右后，还应对瓷砖间进行美缝施工，实际施工中美缝也

图 4-41　砂浆填实

图 4-40　试铺

图 4-42　地漏

可以选择在保洁完成后施工。如需美缝则留 2 ～ 3mm 缝，仿古砖按厂家或设计要求留 3 ～ 5mm 缝，用专用十字架卡缝。

2. 卫生间以外空间的地面铺贴施工流程及施工要点

阳台的地面铺贴方法与卫生间类似，又不完全相同，阳台地面有晾晒需求，故也是要进行防水处理的，只是下沉高度不像卫生间达到 300mm，所以防水之后的回填是直接用水泥砂浆完成，地面铺贴高度比客厅、餐厅铺贴高度略低于 5 ～ 10mm，这样施工的主要目的在于不让水往客厅、餐厅回流。所以此部分主要讲解客厅、餐厅、厨房地面铺贴的施工流程及要点。主要步骤为以下几点：

（1）用水平仪确定地面铺贴的水平基准线，弹线定位。

（2）排砖：如果有地面铺装图，直接照图铺贴；如果没有，要根据地砖尺寸大小和房间长宽、大小进行预排地砖；施工时要注意铺贴得整齐和美观，同一空间，横竖排列的非整砖不能超过一行，同时兼顾考虑到沙发、电视机柜等家具的摆放位置，尽量避免缝中正对门口等，以达到最美观的铺贴效果。

（3）铺贴地砖：卫生间以外空间的地面铺砖要求、流程工艺与卫生间类似，只是下沉高低或者有无下沉要求不同（图 4-43、图 4-44）。

图 4-43　敲实

图 4-44　上浆

知识拓展：排砖小贴士

排砖方式正常有从客厅推拉门向后退铺和由入户大门向内退铺两种，主要看客厅的布局；排砖方式主要根据砖的耗量来定，尽量保证两方铺整砖、基本采用裁大砖、不补小砖的原则，补砖应考虑放在沙发下面或餐厅边角；从美观和传统习惯角度考虑，砖缝不得对准入户门中线。

另外，可以用十字卡缝插在砖缝的中间，这样可以保证砖和砖之间的缝隙，这样做可以防止热胀冷缩，同时也可以检查两块瓷砖是否保持平齐（图 4-45）。

图 4-45　十字卡缝

瓷砖铺贴完成后的清理、检查工作同其他空间的要求，美缝、填缝工作要求也一样（图 4-46）。

图 4-46　填缝剂

六、防水施工流程及施工要点

房屋厨卫阴阳角多，穿墙板的管道多，增加了渗水的隐患；阳台地漏口、排水管根部都是渗漏的重要部位，一般采用涂刷堵漏材料，如（图 4-47）的传统方式进行处理。水不漏和堵漏王的主要成分为快干水泥，但强度不高，韧性不足，一旦建筑物发生沉降产生变形，那用水不漏处理的管口、阴阳角很容易发生裂变导致渗水，所以这样的防水施工会影响后期居住质量。

（一）墙面防水施工

墙面防水（图 4-48）施工流程包括以下几点：

（1）基层检查：检查墙面基层是否有空鼓、开裂；水电线槽封槽是否平整；内牙弯头出水口周边是否严密。

（2）基面清洗：用冲水软管冲洗墙面，确保墙面清洁，无浮尘。

（3）成品保护：对外露的总阀、管道、仪表等进行保护。

（4）局部修补：用防水浆料调水泥或瓷砖胶进行局部修补，主要填补砂眼、管槽缝隙，特别是内牙弯头周边部位，保证防水施工质量。

（5）弹线施工：确定墙面防水施工高度，弹线贴分色纸；严格按规定配比，用搅拌机充分搅匀，静置待用；先用猪棕刷刷涂边角部位，再用板刷大面积涂刷。

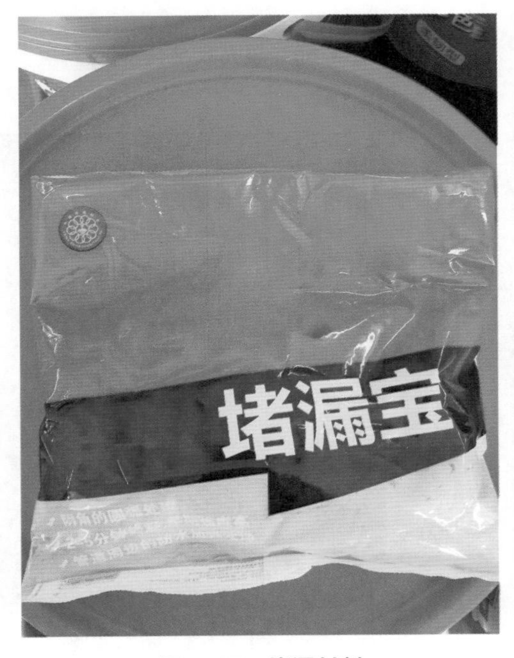

图 4-47　堵漏材料

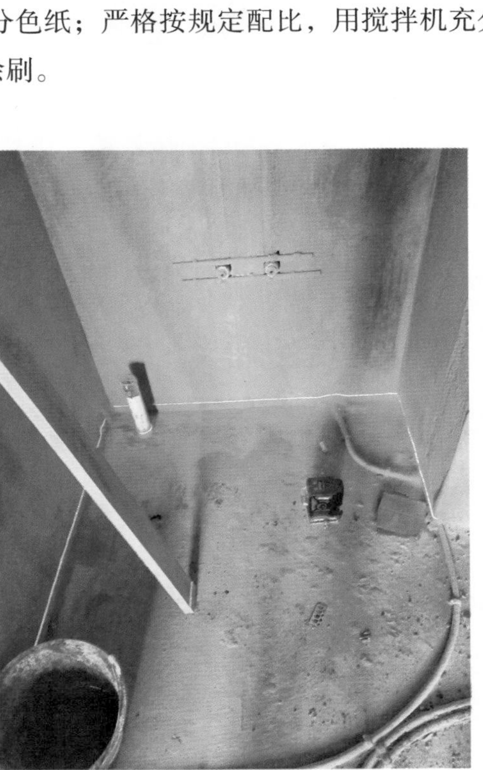

图 4-48　墙面防水

（二）地面防水施工

地面防水施工流程原理与墙面防水施工基本相同，但更复杂一些。具体施工流程包括以下几个方面：

（1）检查基层是否空鼓开裂。

（2）基层清扫：清扫地面并洒水湿润。

（3）基层防水处理：即在地面基层刷一层柔性防水材料，并刷上墙面 300mm（图 4-49）。

（4）二次排水安装：排水布管过程中要增设一条二次排水管，引至卫生间地面中央位置并布管验收。

（5）填充找平：以二次排水管口为最低点作锅状找平并压光（图 4-50）。

（6）二次防水：等找平层干透后进行二次柔性防水施工，须上墙 300mm，与第一次防水重叠，形成一个完整的防水膜（图 4-51）。

（7）做闭水实验：水必须放至铺贴上 100mm 位置，并确保闭水时间达到 48 小时（图 4-52）。

图 4-49　基层防水处理

图 4-50　填充找平

图 4-51　二次防水处理

图 4-52　闭水实验

知识拓展：卫生间防水施工对地面和墙面基面的要求

1. 地面基层防水施工要求

（1）防水施工地面不能有积水、明水、杂物、砖渣等，墙面不能有内墙腻子，水泥砂浆找平要完全覆盖进（下）水管。防水施工时会有许多盲区和死角，防水涂刷不到位，形成不了整体封闭和防水效果，就会产生漏水。

（2）防水施工区域不能存在大量的杂物。

（3）地面防水施工时不能有明显积水。

（4）砌筑的墙面必须提前用水泥砂浆粉刷结实、平整。

（5）施工区域及墙角不能有较大的空洞。

（6）墙面开槽后应该提前用水泥砂浆抹平，给水管不能漏水。

（7）防水施工区域不能有开发商原始墙面留下的腻子及白灰，因为开发商用的是双飞粉加801胶水调和后批刮上墙，双飞粉完全属于不耐水产品，遇水就融化，防水施工后再粘贴瓷砖会造成严重空鼓脱落（图4-53、图4-54）。

图4-53 地面基层（一）

图4-54 地面基层（二）

2. 墙面防水施工要求

确认墙面涂刷高度，并用美纹纸贴整齐，检查水管、电线槽是否粉好，是否达到做防水的要求，清理墙角和管口，保证平实，五孔坑洞，用防水材料涂刷墙角、管口，上下各50mm，待防水材料干后，检查是否有漏刷，完好之后，先涂刷墙面基层固化剂，再涂刷防水材料。

值得注意的是，要先安装门槛石后再进行地面防水施工（将门槛石内侧与地面形成一个整体的防水层），防水层干透后做48小时蓄水试验，瓦工进行铺设地砖。如果不正确安装门槛石，干沙层的积水会顺着门套渗透到卫生间外面，造成门套墙漆腐烂等问题。

3. 蓄水方法

用一次性塑料袋装沙，放在地漏口，然后往卫生间蓄水，一定不能用水泥及腻子粉来堵地漏口，水泥固化后会破坏防水层（图4-55、图4-56）。

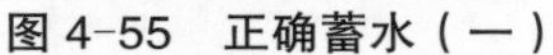

图 4-55　正确蓄水（一）

图 4-56　正确蓄水（二）

4. 防水施工后期养护及注意事项

（1）防水浆料涂刷后 48 小时内，应禁止行人行走，避开下雨、霜冻、烈日暴晒等，防止铁器、钢钉、钢筋、脚手架等棱角重物击穿防水涂层。

（2）门槛石须在回填后防水施工前安装完毕，且门套须安装在门槛石之上。

（3）蹲便器应该在防水施工合格后安装，防止皮圈漏水。

（4）地面防水施工完毕后（夏季第二天）、（冬季第三天）起，即可做闭水试验；如闭水试验成功后，防水层上不及时进行下道工序施工（或停工），应严格做好防水层保护，或者继续闭水一直到进行铺地砖为止。

（5）当天施工后温度（零摄氏度以上）较低时，白天应打开窗户加强通风加快防水涂层固化，晚上则关好窗户防止晚上温度过低，防水层完全干固后方可做闭水试验。

（6）如果后续施工需要重新开凿基面，改管线或其他原因不慎破坏了防水涂层，应在涂层受损处做上标记并且及时通知防水售后人员进行修补。

（7）一般的防水施工要做两三遍，防水顺序要先做完墙面再做地面防水，地面防水等干透后做闭水试验 48 小时，一定要在泡水当天通知物业已经开始做闭水试验，并在泡水结束后，联系物业一起查看楼下同样空间是否出现渗漏现象。如果没有出现渗漏，才可以进行墙、地面的铺贴。

七、沉箱回填

沉箱回填主要是针对卫生间，因为卫生间下沉高度一般在 300mm 左右，与客厅、餐厅地面落差比较大，所以卫生间要采用沉箱回填工艺。目前卫生间沉箱回填主要有以下 3 种方式：

（一）渣土回填

渣土回填方式的优点是施工简单，价格便宜，缺点是会增加楼板负荷，一般物业也不允许，此种方式逐渐被淘汰。

（二）陶粒回填

陶粒大部分为圆形或椭圆形大颗粒，表面是一层坚硬的外壳，这层外壳为陶质或釉质，具有隔水保气的作用。陶粒因重量轻、吸潮等优点，是较常用的卫生间沉箱回填方式（图 4-57）。其具体施工流程如下：

（1）将沉箱清理干净，做好防水。

（2）水泥砖隔断：用水泥砖做隔断架空，把沉箱分成若干个格子，做好田字格。

（3）陶粒填充：陶粒搭配水泥砂子，水少许，埋填进去，搅拌踏实，不用压得太紧，因为它是不承重的，只起到吸收水气的作用。

（4）布钢筋：在格子上方布上一层由钢筋组成的钢筋网，以保证混陶粒层的牢固和受力均匀。

（5）倒混凝土层，水泥沙浆 1 ∶ 3 比例地面找平。找平层干透后，再做第二遍防水。

（三）水泥预制板架空沉箱

布排水管、刷防水以及闭水实验合格后，在排水管底部用砖和水泥砂浆固定支撑排水管，砌支撑柱，预算好高度；然后盖上水泥预制板（加钢筋）到沉箱上即可。此种方式架空比较轻，不影响楼层重量；方便检修，打开预制板就可以直接观察管线情况，方便直接对渗漏位置修补（图 4-58）。但价格比渣土回填和陶粒回填方式稍贵。

图 4-57　陶粒回填

图 4-58　水泥预制架空回填

第五节　瓦工阶段验收

一、砌墙验收标准

砌墙验收时，通常从墙面垂直度、表面平整度以及水平灰缝平直度三方面来观察，具体标准及检查方法如表 4-1 所示。

表 4-1 砌墙验收标准

项目		允许偏差 mm		量具	检查方法
		墙	柱		
墙面垂直度	每层	3	5	2m 靠尺	每空间检查不少于 2 处
表面平整度	清水墙、柱	4	4	2m 靠尺	每墙测 2 处取最大值
	混水墙、柱	5	5	2m 靠尺	每墙测 2 处取最大值
水平灰缝平直度	清水墙、柱	5		用线拉和尺量	每墙测 2 处取最大值
	混水墙、柱			用线拉和尺量	每墙测 2 处取最大值

二、批荡验收标准

墙面批荡验收，主要从表面平整度、立面垂直度、阴阳垂直度和阴阳角方正度四方面来观察，具体验收标准及检查方法如表 4-2 所示。

表 4-2 批荡验收标准

项目	允许偏差 mm	量具	检查方法
表面平整度	≤ 3	2m 靠尺	每室检查不少于二处，取最大值
立面垂直度	≤ 3	2m 垂直检测尺	每室随机一面墙壁查三处，取最大值
阴阳垂直度	≤ 3	2m 垂直检测尺	每室随机一面墙壁查三处，取最大值
阴阳角方正度	≤ 3	直角检测尺	每室随机测量一阴阳角

三、地面找平验收标准

地面找平在验收时，主要从以下几个指标入手，验收标准及检查方法如表 4-3 所示。

表 4-3 地面找平验收标准

项目	允许偏差 mm	检查方法
角位垂直度	≤ 3	直角尺
边角砂浆堆积	不允许	目测
清面清光	清光	目测
表面起砂	不允许	目测、手摸
表面平整度	≤ 3	红外线水平仪、钢卷尺

四、墙面铺贴验收标准

墙面铺贴验收时，主要从以下几个指标入手，验收标准及检查方法如表 4-4 所示。

表 4-4　墙面铺贴验收标准

项目	允许偏差 mm		量具	检查方法
	石材	墙面砖		
表面平整度	≤ 2	≤ 2	2m 靠尺	每空间随机取一面墙检查不少于 2 处，取最大值
垂直度	≤ 3	≤ 2	检测仪	每空间随机取一面墙检查不少于 2 处，取最大值
阳角方正	≤ 3	≤ 2	方尺、角尺	每空间随机取一面墙检查不少于 2 处，取最大值
接缝高低	≤ 0.5	≤ 0.5	游标卡尺	每空间随机取一面墙检查不少于 2 处，取最大值
接缝平值	≤ 2	≤ 2	拉线 / 钢直尺	每空间随机取一面墙检查不少于 2 处，取最大值

五、地面铺贴验收标准

地面铺贴验收时，主要从以下几个指标入手，验收标准及检查方法如表 4-5 所示。

表 4-5　地面铺贴验收标准

项目	允许偏差 mm	量具	检查方法
表面平整度	≤ 2	2m 靠尺	每空间随机取一面墙检查不少于 2 处，取最大值
接缝高低	≤ 0.5	钢直尺	每空间随机取一面墙检查不少于 2 处，取最大值
接缝平直	≤ 2	拉线、钢直尺	每空间随机取一面墙检查不少于 2 处，取最大值
缝隙宽度	≤ 2	目钢直尺	每空间随机取一面墙检查不少于 2 处，取最大值

思考与练习

1. 认真分析案例户型客餐厅、厨房、卫生间以及阳台的地面铺装图，并做出合理评价。
2. 自主搜集地面铺贴方式的图片资料，并收藏保存。
3. 实地了解瓷砖种类、应用风格、规格尺寸、实景图以及品牌，并以 PPT 形式做汇总报告，班级内进行作品展示。
4. 自主拓展搜索瓦工环节的施工视频，在班级里分享。
5. 建立不同小组，以组长为项目经理，组员为监理，按施工节点顺序模拟施工前的交底以及验收工作。

第五章

木工工程

【本章教学项目任务书】

<table>
<tr><td rowspan="2">教学目标</td><td>能力目标</td><td>知识目标</td><td>素质目标</td></tr>
<tr><td>能看懂天花施工图；能辨识吊顶材料；能口述吊顶施工流程</td><td>了解吊顶材料的分类；掌握隔墙、吊顶工程的施工要点</td><td>（1）培养学生严谨细致的学习作风
（2）发现问题并解决问题的实践能力
（3）培养学生口头表达能力</td></tr>
<tr><td>重点、难点及解决办法</td><td colspan="3">重点：吊顶材料，隔墙、吊顶工程的施工要点
难点：吊顶材料，隔墙、吊顶工程的施工要点
解决方法：
（1）搜集各种板材及吊顶材料带进课堂，让学生加强对实体材料的认识
（2）展示木工工地拍摄图片，让学生了解施工现场
（3）带学生参观装饰公司样板间和材料工艺展示间</td></tr>
<tr><td>教学实施</td><td colspan="3">（1）展示已签单落地的天花图纸案例，欣赏与分析案例，了解户型的吊顶施工方案
（2）小组讨论合作，每组提供装饰风格，对照风格在提供的 APP 上寻找 5 ～ 6 幅吊顶实景图，汇总后欣赏交流
（3）通过 PPT、视频以及拍摄的木工施工现场图片讲解施工流程及施工要点
（4）带学生参观装饰公司样板间以及材料工艺间
（5）通过学习布置课后拓展作业
（6）针对拓展任务做成果汇报及展示</td></tr>
</table>

第一节　装饰板材认识

便捷的全屋家具定制已成为业主的主流选择，现场做家具的形式越来越少，因此木工在室内装饰中的作业内容相比过去少了很多。过去，家具、门框、吊顶都是木工现场制作的。随着工艺的越来越精细化、专业化，木工的施工作业内容主要有天花吊顶、部分家具制作、隔墙以及背景墙制作等。木工阶段所需的装饰板材，主要有以下几种：

（一）生态板

生态板又称免漆板或三聚氰胺板（图 5-1）。将带有不同颜色或纹理的纸放入生态板树脂胶黏剂中浸泡，然后干燥到一定程度，将其铺装在防潮板、防火防潮胶合板或细木工板生态板中。生态板的概念其实过于笼统，因为很多达到生态环保的板材也可以叫生态板，容易混淆。狭义上的生态板仅指中间所用基材为拼接实木（如杉木、桐木、杨木等）的三聚氰胺饰面板，主要使用在家具、橱柜衣柜、卫浴柜等领域。生态板的规格以 2440mm × 1220mm 为常见，厚度有 9mm、18mm、20mm、22mm 等多种规格。

图 5-1　生态板

生态板以其表面美观、施工方便、生态环保、耐划耐磨等特点，越来越受到消费者的青睐和认可，以生态板生产的板式家具也越来越受欢迎。但无论何种板材，在制造过程中都必不可少地使用胶，因此成形后的板材会释放游离甲醛，甲醛在一定浓度之下是对人体无害的，按规定，室内板材的环保等级达到 E1 级，就是安全环保的，对人体无害。在认清了板材品质的同时，最应关注的是家具所使用板材的甲醛释放量。E1 级环保标准是国家强制性的健康标准。

（二）指接板

指接板由多块木板拼接而成，上下不再粘压夹板，由于竖向木板间采用锯齿状接口，类似两手手指交叉对接，使木材的强度和外观质量获得增强改进，故称指接板，是比较环保的一种板材，可用于家具、橱柜、衣柜等。判断指接板好坏的方法是看芯材年轮，年轮越多，说明树龄长，材质也就越好。指接板的规格为 2440mm × 1220mm，常见厚度有 12mm、16mm、18mm、20mm 等多种，最厚可达 40mm。指接板上下无需粘贴夹板，用胶量大大减少。而少量使用的胶一般也是乳白胶，即聚醋酸乙烯酯的水溶液，是用水做溶剂，无毒无味，分解后是醋酸，没有毒性。

指接板还分有节与无节两种，有节的存在疤眼，无节的不存在疤眼，较为美观。直接用指接板制作家具，表面不贴饰面板。指接板属于实木板，所以指接板有天然纹理的感觉，给人回归自然的感觉，如图 5-2 所示。常见木材材质有杉木指接板、松木指接板、樟木指接板、橡木指接板等。

图 5-2　指接板

（三）胶合板

胶合板是由木段旋切成单板或由木方刨切成薄木，再用胶黏剂黏合而成的三层或多层的板状材料，通常用奇数层单板，一层即为一厘，按照层数的多少叫做三厘板、五厘板、九厘板等，装饰中的一厘就是现实生活中我们说的一毫米。通常的长宽规格是：1220mm × 2440mm，厚度一般有：3mm、5mm、9mm、12mm、15mm 等。主要木材有榉木、山樟、柳木、杨木、桉木等（图 5-3）。

（四）细木工板

细木工板也称大芯板或者木工板。它是指在胶合板生产的基础上，以木板条拼接或空心板作芯板，两面覆盖两层或多层胶合板，经胶压制成的一种特殊胶合板。细木工板的特点主要由芯板结构决定，被广泛应用于家具制作。细木工板的工艺要求很高，不仅需要有足够的场地让木材有充足的时间进行适应性自然干燥，而且还要通过干燥窑进行严格的干燥工艺控制（图 5-4）。

图 5-3　胶合板

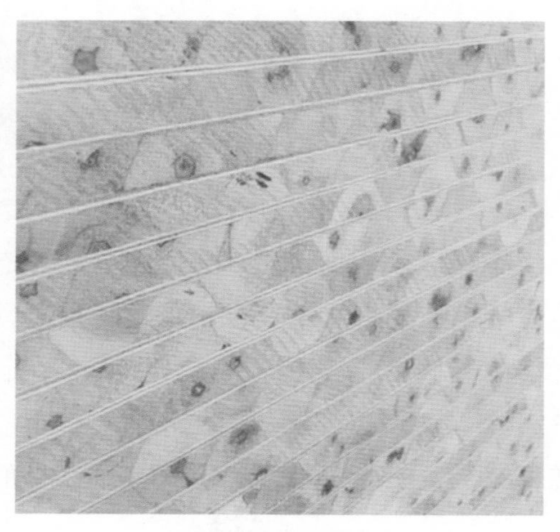

图 5-4　细木工板

家庭装饰装修只能使用 E1 级的细木工板。大芯板的板材种类有许多种，如杨木、桦木、松木、泡桐等，其中以杨木、桦木为最好，质地密实，木质不软不硬，握钉力强，不易变形；而泡桐的质地很轻、较软、吸收水分大，握钉力差，不易烘干，制成的板材在使用过程中，当水分蒸发后，板材易干裂变形；而松木质地坚硬，不易压制，拼接结构不好，握钉力差，变形系数大。

（五）饰面板

饰面板，全称装饰单板贴面胶合板，它是将天然木材或科技木刨切成一定厚度的薄片，黏附于胶合板表面，然后经热压而成的一种用于室内装修或家具制作的表面材料。饰面板采用的材料有石材、瓷板、金属、木材等。常见的饰面板分为天然木质单板饰面板和人造薄木饰面板。人造薄木贴面与天然木质单板贴面的外观区别在于前者的纹理基本为通直纹理或图案有规则；而后者为天然木质花纹，纹理图案自然，按照木材的种类来区分，市场上的饰面板大致有柚木饰面板、胡桃木饰面板、西南桦饰面板、枫木饰面板、水曲柳饰面板、榉木饰面板等，（图 5-5）。如白橡木管孔内有浸填体，这种特性使得白橡木在国外被广泛应用于制作贮存葡萄酒的酒桶。

（六）阻燃板

阻燃板，又名叫难燃板，有阻燃密度板、阻燃胶合板等，是在人造板生产过程中，通过复杂的工艺，将阻燃剂添加到板材生产线中制成的。 阻燃板大多用于公共场所，尤其是人流量较大或人员密度较大的地方，如宾馆、酒店、KTV、医院、学校、办公楼、体育场更衣室、火车站、汽车站等，另外还有一些家庭在装修时也会选择阻燃板，用于如厨房、阳台等容易遇见明火的地方。阻燃板是胶合板的一种，也是以木材为原材料，把木材打碎后进行阻燃处理，然后再用胶合剂将处理好的木材通过热加工的工艺黏起来，最终形成多层胶合板。阻燃板防火能力很强，可以有效降低火灾的发生（图 5-6）。

图 5-5　饰面板

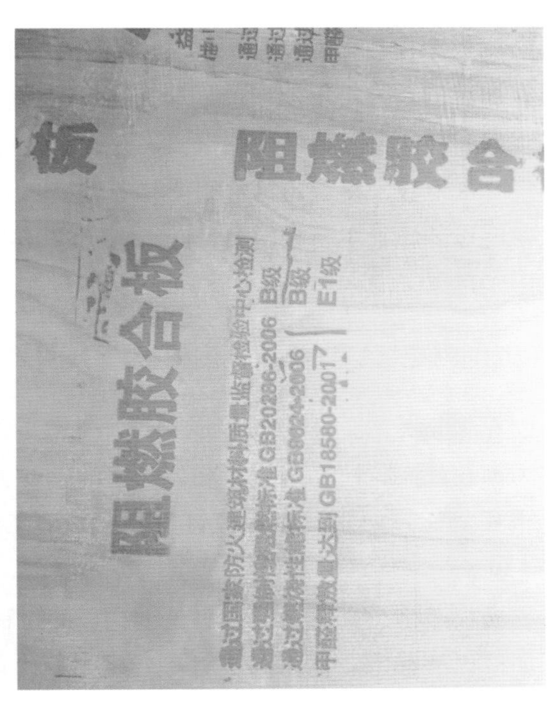

图 5-6　阻燃板

（七）埃特板

埃特板是一种纤维增强硅酸盐平板（纤维水泥板），其主要原材料是水泥、植物纤维和矿物质，经流浆法高温蒸压而成，主要用作建筑材料。埃特板的密度和厚度也有很多种，100% 不含石棉及其他有害物质，具有防火、防潮、防水、隔音效果好、环保、安装快捷、使用寿命长等优点。常用作外墙板材、卫生间隔墙、室外屋面屋顶、外墙保温板、室内装饰、天花板等；也可以替代石膏板在装修上用作基材。埃特板并不是一类产品的名称，它的名字由来是由于比利时特公司是水泥板的创建者并且是较早投入生产纤维水泥板的厂家，在行业内的知名度较高，久而久之，纤维水泥板就被人们称为埃特板了，它也是对埃特集团的认可（图 5-7）。

图 5-7　埃特板

（八）密度板

密度板全称为密度纤维板，是以木质纤维或其他植物纤维为原料，经纤维制备，施加合成树脂，在加热、加压的条件下压制成的板材。密度板分高、中、低密度板，区分很简单，同样规格的板材，越重的密度就越高。密度板结构细密，表面特别光滑平整、性能稳定、边缘牢固、加工简单，适合家具制作，也是复合木地板、复合门等常用的基层材料。密度板的缺点是握钉力不强，主要是由于它的结构是木屑，所以密度板的施工主要采用贴，而不是钉的工艺；另外密度板还有遇水后膨胀率大和抗弯性能差的缺点，不能用于过于潮湿的环境（图 5-8）。

（九）刨花板、欧松板、澳松板

刨花板是将天然木材粉碎成颗粒，加入胶水、添加剂压制而成。因为其剖面类似蜂窝状，不平整，故称为刨花板，特点和密度板相似。它的密度疏松易松动、强度不如密度板，所以不适合家具制作，但是价格相对比较便宜，而且握钉力较好，加工又比较方便，常用于类似背景墙制作中的基层部位或者垫底。

欧松板严格意义上来说，也是刨花板的一种。欧松板主要用软针、阔叶树材的小径木、速生间伐材等，如桉树、杉木、杨木间伐材等。最大的优点是甲醛释放相对较少，结实耐用不易变形，受力性好，常用于基层垫底，如用欧松板来做背景墙基层材料，风管机出风口基层垫底等，也有用来直接铺贴飘窗台，效果也不错（图 5-9）。

图 5-8　密度板

图 5-9　欧松板

目前建材市场上还比较流行澳松板，澳松板最早产于澳大利亚，采用澳洲松的原木制成，因此得名。澳松板具有很高的内部结合强度，每张板的板面均经过高精度的砂光，表面光洁度较高，同时比较环保，硬度大，受力好，普遍适用于基层垫底材料。澳松板可以代替三合板用于门、门套、窗套等贴面，也可以做夹板。

（十）铝塑板

铝塑板即铝塑复合板，20 世纪 80 年代末 90 年代初从德国引进。铝塑复合板是用聚乙烯塑料为芯材，两面为铝材的 3 层复合板材，并在产品表面覆以装饰性和保护性的涂层（或薄膜）作为产品的装饰面，广泛用于户外幕墙、室内墙面及天花装饰、广告招牌等。其标准长度为 2440，宽度为 1220，长度也可根据客户要求订做，户外铝板厚度不小于 0.2mm，总厚度不小于 4mm。室内铝塑板厚度 0.1 ～ 0.2mm，总厚度不小于 3mm（图 5-10）。

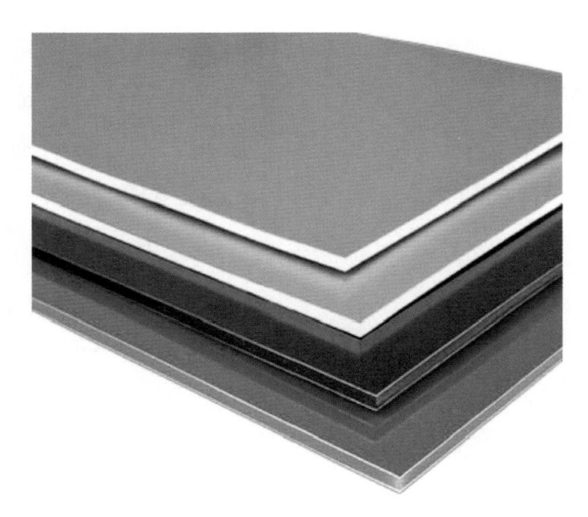

图 5-10　铝塑板

第二节　石膏板

石膏板是室内装饰中天花吊顶和隔墙施工的主流材料。它的主要原料是建筑石膏，具有重量轻、强度较高、厚度较薄、加工方便、隔音绝热以及防火等优点。目前，石膏板已广泛用于住宅、办公楼、商店、旅馆和工业厂房等各种建筑物的内隔墙、墙体覆面板（代替墙面抹灰层）、天花板、吸音板、地面基层板和各种装饰板等。

装饰中常用的石膏板主要有纸面石膏板、装饰石膏板、吸音石膏板等。室内装饰中常用的是纸面石膏板。

一、纸面石膏板

纸面石膏板是以石膏料浆为夹芯，两面用纸作护面成的一种轻质板材（图 5-11）。纸面石膏板质地轻、强度高、防火、防蛀、易于加工。普通纸面石膏板用于内墙、隔墙和吊顶。现在技术升级，防火、防潮性能更强的耐水纸面石膏板也可用于湿度较大的卫生间和厨房。

图 5-11　纸面石膏板

二、装饰石膏板

装饰石膏板是以建筑石膏为主要原料，掺加少量纤维材料等制成的有多种图案、花饰的板材，如石膏印花板、穿孔吊顶板、石膏浮雕吊顶板、纸面石膏饰面装饰板等。它是一种新型的室内装饰材料，适用于中高档装饰，具有轻质、防火、防潮、易加工、安装简单等特点。特别是新型树脂仿型饰面防水石膏板板面覆以树脂，饰面仿型花纹，其色调图案逼真，新颖大方，板材强度高、耐污染、易清洗，可用于装饰墙面，做护墙板及踢脚板等，是代替天然石材和水磨石的理想材料（图 5-12）。

三、吸音石膏板

吸音石膏板是一种具有较强吸音功能的特种石膏板，它是在纸面石膏板或者装饰石膏板的基础上，打上贯通于石膏板正面和背面的孔眼，在石膏板背面粘贴具有透气性的背覆材料和能吸收入射声能的吸声材料，主要用于室内会议室、家庭影音室等（图 5-13）。

图 5-12　装饰石膏板

图 5-13　吸音石膏板

第三节　龙骨材料

一、木龙骨

图 5-14　木龙骨

木龙骨是家庭装修中最为常用的骨架材料，被广泛地应用于吊顶、隔墙、实木地板骨架制作中。木龙骨俗称为木方，主要由松木、椴木、杉木等木质较软的木材制作成截面长方形或正方形的木条（图 5-14）。天花吊顶一般以樟松、白松木龙骨较多。木龙骨在中国的家装中用了几千年，它容易造型，握钉力强易于安装，特别适合与其他木制品的连接，在一些较复杂的异形吊顶中必须要用到木龙骨造型。但由于是木材，它的缺点也很明显：不防潮，容易变形，不防火，可能生虫发霉等，所以公共空间装修考虑安全是禁止使用木龙骨的，即使在室内装饰中使用时也必须要在木龙骨上刷上一层防火涂料。

木龙骨在选购时需注意以下几个要点：

（1）木龙骨必须平直，弯曲容易造成基层及面层结构变形。

（2）表面有木材的光泽，不能有疤节，因为疤节很硬，吃钉力较差，钉子、螺钉在疤节处拧不进去或容易钉断木方。

（3）木龙骨上不能有虫眼，这点需要特别注意，虫眼是蛀虫或虫卵藏身处，用了带虫眼的木龙骨会给以后的使用带来很大的麻烦。

（4）木材必须干燥，含水率太高的木龙骨变形的几率很高。

图 5-15　轻钢龙骨

二、轻钢龙骨

轻钢龙骨是以优质的连续热镀锌板带为原材料，经冷弯工艺轧制而成的建筑用金属骨架，这直接弥补了木龙骨材料的不足，全面使用于公共空间装修中，也是室内装修中的主流材料（图 5-15）。

轻钢龙骨按用途可分为隔断龙骨和吊顶龙骨。隔断龙骨主要规格有 Q50、Q75 和 Q100 等，分别适用于不同高度的隔断墙；一般来说，如果所做的隔断墙的高度在 3m 之下，使用规格为 Q50 的轻钢龙骨就可以。吊顶龙骨主要规格有 D38、D45、D50 和 D60 等，D38 用于吊点间距 900 ～ 1200mm 上人吊顶，D50 用于吊点间距 900 ～ 1200mm 上人吊顶，D60 用于吊点间距 1500mm 上人加重吊顶。按断面形式有 V 型、G 型、T 型、L 型、U 型龙骨，适用于多种建筑物屋顶的造型装饰、建筑物的内外墙体及棚架式吊顶的基础材料。

轻钢龙骨的构件很多，主件分为大、中、小龙骨，配件则有吊挂件、连接件、挂插件等。和木龙骨相比，轻钢龙骨具有自重轻、刚度大、防火、防虫、不易变形等特性，制作隔墙、吊顶更加坚固。但是轻钢龙骨施工相对复杂，对施工工艺要求较高，而且不容易做出一些较复杂的造型。

轻钢龙骨在选购时需注意以下几个方面：

（1）外表平整，棱角分明，手摸无毛刺，表面无腐蚀、损伤等明显缺陷。

（2）轻钢龙骨双面都应进行镀锌防锈处理，且镀层应完好无破损。

（3）相对来说，轻钢龙骨的厚度越高，其强度就越好，变形的几率就越低。

第四节　木工辅料

一、装饰线条

装饰线条类材料主要应用于装饰工程中各种面层的衔接收口处，如相交面、分界面等，能起到划分界面、收口封边、连接固定的作用，同时，因为装饰线条自身的美感，还能起到装饰效果，所以装饰线条适用性很强（图 5-16、图 5-17）。

图 5-16　装饰线条

图 5-17　装饰线条实景图

（一）木线条

木线条由实木板材或人造板材经脱脂、烘干处理后，通过机械或手工加工而成，主要用于家具、天花板、墙面装饰、压边、门窗的收边封口等。按造型风格和使用要求可分为平线、方线、半圆线、指甲线、角线、各类造型线等。

知识拓展

（1）含水率：实木线条指接材线条使用前的含水率应不小于 7%，且不大于我国各地区当地的平衡含水率；人造板线条使用前的含水率应符合相应的人造板标准要求。

（2）甲醛释放量：使用指接材、人造板基材的线条需测定甲醛释放量，其限量值应不大于 1.5mg/L。

（二）金属线条

金属线条主要有铝合金、铜和不锈钢三种。

1. 铝合金线条

铝合金线条是用纯铝加入锰、镁等合金元素后，挤压而成的条状型材。铝合金线条具有轻质、高强、耐蚀、耐磨、刚度大等特点。其表面经阳极氧化着色表面处理，有鲜明的金属光泽，耐光和耐气候性能良好。铝合金线条可用于装饰面的压边线、收口线，以及装饰画、装饰镜面的框边线。在广告牌、灯光箱、显示牌、指示牌上当作边框或框架，在墙面或吊顶面作为一些设备的封口线。铝合金线条还可用于家具上的收边装饰线、玻璃门的推拉槽、地毯的收口线等。

2. 铜线条

铜线条是用合金铜即“黄铜”制成，其强度高，耐磨性好，不锈蚀，经加工后表面有黄金色光泽。铜线条主要用于地面大理石、花岗石、水磨石块面的间隔线，楼梯踏步的防滑线，地毯压角线，装饰柱压用线，高级家具的装饰线等。

3. 不锈钢线条

不锈钢线条具有高强、耐蚀、表面光洁如镜、耐水、耐擦、耐气候变化的特点。不锈钢线条的装饰效果好，属于高档装饰材料，可用于各种装饰面的压边线、收口线等，主要有角线和槽线两类。

（三）石材线条

室内装饰中石材应用越来越普遍，加上石材生产工艺的提高，石材也能产生类似于木线条的造型。石材线条多采用大理石和花岗石原料制作而成，搭配石材的墙柱面装饰，协调美观。同时，也可以用作石门套线和石装饰线。

（四）石膏线条

石膏线条是石膏制品的一种，主要包括角线、平线、弧线等。原料为石膏粉，通过和一定比例的水混合灌入模具并加入纤维增加韧性，可带各种花纹，主要应用在天花板与墙壁的夹角处以及背景墙装饰，实用美观，价格低廉，具有防火、防潮、保温、隔音、隔热功能，装饰效果明显。

二、胶黏类辅料

木工施工中还需要大量胶黏材料，主要用于基层和面层黏结。通常有白乳胶、万能胶、木胶粉、免钉胶和玻璃胶等。

（一）白乳胶

白乳胶是一种水溶性胶黏剂，是由醋酸乙烯单体在引发剂作用下经聚合反应制得的一种热塑性黏合剂。通常称为白乳胶或 PVAC 乳液，化学名称聚醋酸乙烯，是添加钛白粉，再经乳液聚合而成的乳白色稠厚液体。可常温固化，固化较快。黏接强度较高，黏接层具有较好的韧性和耐久性，且不易老化，是木制行业中使用最为广泛的黏接剂（图 5-18）。

（二）万能胶

万能胶是氯丁橡胶黏剂的俗称。主要用于铝塑板、防火板、PVC、有机片、地毯、橡胶等物料的黏接。适宜黏合温度为 25±5℃，湿度为 55% ～ 75%。万能胶含有挥发性溶剂，施工时应保持空气畅通，勿接近明火或高温（图 5-19）。

图 5-18　白乳胶

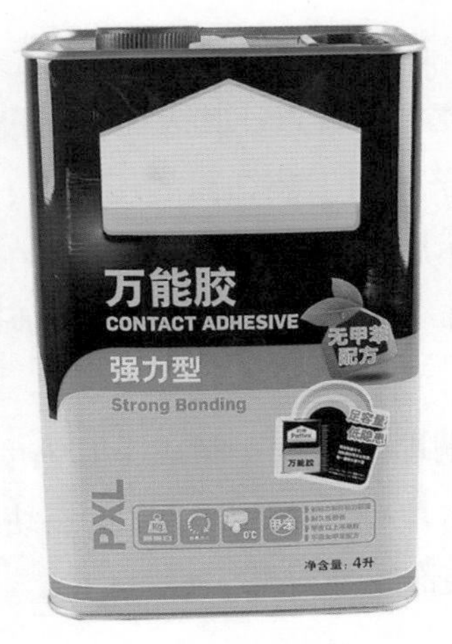

图 5-19　万能胶

（三）木胶粉

木胶粉又称粉状脉醛树脂胶，由粉末状的脉醛树脂、增强剂和固化剂配合而成，具有胶合强度高，易于保存的特点。使用时只需混入清水，即成为强力的木材黏接剂。主要用于家具组装、木板拼接、木件接合、板材胶合等（图 5-20）。

（四）免钉胶

免钉胶是多功能建筑结构强力胶，由树脂原料合成，适用于木件、金属、玻璃、塑料、橡胶的黏合（图 5-21）。

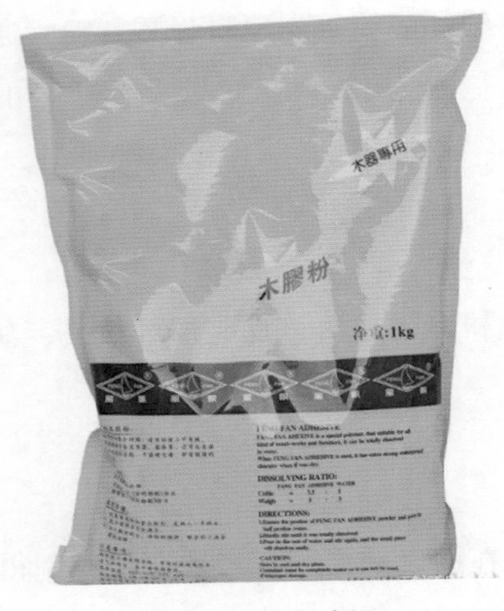

图 5-20　木胶粉

图 5-21　免钉胶

（五）玻璃胶

玻璃胶主要成分为硅酸钠和醋酸以及有机性的硅酮。适用于各种玻璃与其基材进行黏接和密封。一般有酸性胶和中性胶两种，酸性胶主要用于玻璃和其他建材之间的一般性黏接；中性胶克服了酸性胶腐蚀金属材料和与碱性材料发生反应的特点；可直接用于玻璃幕墙的金属和玻璃结构或非结构性的黏合装配（图 5-22）。

图 5-22　玻璃胶

三、固定类辅料

木工施工中还需要各种固定类辅料，如膨胀螺丝、顶爆螺栓、自攻螺钉、铁钉、铆钉、枪钉等。膨胀螺丝广泛用于各种装修场合；顶爆螺栓常用于轻钢龙骨吊顶；自攻螺钉多用于板件之间的连接；铁钉、铆钉主要起固定连接作用；常用的枪钉有钢排钉、直钉、码钉和蚊钉四种，都是与气钉枪配合使用，主要用于各种木板、饰面板或其他复合材料的装饰固定连接作用（图 5-23）。

图 5-23　钢排钉

第五节　隔墙施工流程及施工要点

室内装饰施工中的木工工程主要有隔墙工程、吊顶工程和墙面造型工程。

前面瓦工阶段已经介绍过隔墙工艺，木工阶段的隔墙主要采用轻钢龙骨、石膏板等材料。轻钢龙骨隔墙主要适用于较为干燥的空间区域；现在室内也常用玻璃材料来进行隔墙工艺，主要用于卫生间对干湿进行分区。

一、轻钢龙骨石膏板隔墙

轻钢龙骨隔墙实景图如图 5-24 所示。轻钢龙骨石膏板隔墙的施工流程如下：

（一）弹线

墙位放线应按设计要求，沿地、墙、顶弹出隔墙的中心线和宽度线，宽度线应与隔墙厚度一致，弹线应清晰，位置应准确。

图 5-24　轻钢龙骨石膏板隔墙实景图

（二）安装天、地边龙骨

按弹线位置固定沿地、沿顶龙骨及边框龙骨，龙骨的边线应与弹线重合。龙骨的端部应安装牢固，龙骨与基体的固定点间距应不大于600mm。

（三）门、窗开洞（依具体设计要求而定，有的无门、窗开洞设计）

（1）沿地横龙骨在门洞位置断开。

（2）在门、窗洞两侧位置竖立附加龙骨，开口背向门、窗洞口。

（3）在门、窗洞上樘用横龙骨制作，在它与上横龙骨间插入竖龙骨（如门、窗宽度大于1800mm，应采取加固措施），其间距应与隔墙的其他竖龙骨保持一致，窗洞下樘处理同上。

（四）安装竖龙骨

（1）按门窗位置进行竖龙骨分档，竖龙骨中的距离尺寸一般为400mm或600mm，当分档不够模数板块时，应避开门、窗边框第一块板的位置，使砖边石膏板不在靠门、窗边框处。

（2）安装时按分档位置将竖龙骨上、下两端插入沿顶、地龙骨内，为了插入方便，竖龙骨长度可较上、下龙骨间距短5mm，调整垂直。

（3）竖龙骨与沿顶、地龙骨固定时，抽芯铆钉每面不少于3颗，呈品字形排列，双面固定。

（五）安装横龙骨

根据设计要求布置横龙骨，室内隔墙常用C75（横截面C型宽度为75mm）龙骨；如若隔墙需要厚点，可选择C100龙骨，使用贯通式横向龙骨，横向龙骨和竖龙骨之间不宜先行固定，在石膏板安装时可适当调整。从而适合石膏板尺寸的允许误差。在龙骨一侧安装一层石膏板，目的在于先固定龙骨的位置，龙骨位置随石膏板安装可进行局部调整，横龙骨和竖龙骨如需固定可随石膏板安装时同步进行。

（六）安装石膏板

（1）石膏板安装应检查龙骨的安装质量，门、窗框位置加固是否符合设计及构造要求，龙骨间距是否符合石膏板的宽度模数，并对水、电进行检测、验收，做好记录。

（2）从门口处开始安装一侧的石膏板，无门洞的墙体由墙、柱的一端开始，石膏板竖向铺设，长边接缝在竖龙骨上，石膏板同龙骨的重叠宽度应不少于15mm。

（3）石膏板的接缝应按设计要求进行板缝处理，石膏板与周围墙或柱应留有3mm槽口，以便进行防开裂处理。

（4）石膏板固定板边钉距不应大于20mm，板中间钉距不应大于300mm。

（5）自攻螺钉紧固时，石膏板必须与龙骨贴平贴紧，安装石膏板时应以板的中部向长边及短边固定，钉头稍埋入板内，自攻螺钉应陷入石膏板表面0.5～1mm深度为宜，且不应切断面纸，暴露石膏。

（6）安装墙体另一侧石膏板，接缝应与第一侧石膏板缝错开，拼缝不能放在同一根龙骨上。

知识拓展：轻钢龙骨隔墙施工要点

（1）门框处的处理。石膏板隔墙在门框处最容易开裂，这是因为门经常开关，门框处受到的外力较大，为避免门框开裂，石膏板隔墙在门框处要做加强处理。

（2）自攻螺丝的使用。板边螺丝的距离不超过 200mm，板中不超过 300mm。在石膏板边打螺丝的时候，螺丝距离板边保持 15mm，否则会打裂板边。自攻螺丝不可打破纸面，因为纸面石膏板的强度 70% 以上来自纸面，自攻螺丝沉入板面 0.5 ～ 1mm。

（3）墙体隔声的处理。安装边龙骨的时候，需要在四周龙骨和四周的结构层接触的地方涂密封胶，而不能使用呈酸性的硅胶或玻璃胶，这种酸性胶会腐蚀龙骨，以防止声音通过龙骨与周边结构层之间的细小缝隙传到隔壁（万分之一的缝隙就会导致十几个分贝的隔声损失）。

（4）成品保护。轻钢龙骨隔墙施工中，工种间应保证已装项目不受损坏，墙内电管及设备不得碰动错位及损伤；轻钢骨架及纸面石膏板在入场、存放及使用过程中应妥善保管，保证不变形、不受潮、不被污染、无损坏；施工部位已安装的门窗、地面、墙面、窗台等应注意保护，防止损坏；已安装完的墙体不得碰撞，保持墙面不受损坏和污染。

二、玻璃隔墙施工流程

玻璃隔墙从施工工艺流程说，属于安装工程，多是商家根据业主要求设计、安装。因考虑到项目完整，故放在木工阶段讲述。

随着现代建筑装饰材料的飞速发展，玻璃制品越来越多样化，加上玻璃占地面积小，能控制光线，还能阻隔噪声，更能降低房屋负荷，被越来越多的业主所选择。室内装饰中就常用玻璃材质来做隔墙，如极简风格里的窄边玻璃墙或门的制作、卫生间干湿分区隔墙等。

室内装修中使用的多是装饰玻璃，有雕刻花、磨花、磨砂、彩绘等样式。装饰玻璃按功能特性可以分为很多种，常用到的主要有门窗采光用的平板玻璃，厚度为 3 ～ 5mm；隔断用的平板玻璃，厚度要达到 8 ～ 12mm，用于防盗门窗、幕墙、橱窗、天窗、展览厅等的安全玻璃；阳台门窗采用的节能型的中空玻璃等。玻璃隔墙实景图，如图 5-25 所示。玻璃隔墙施工工艺流程如下：

图 5-25　玻璃隔墙实景图

（一）定位弹线

根据图纸放墙体定位线，隔断基层应平整、牢固。

（二）木龙骨、金属龙骨下料组装

按施工图纸尺寸与实际情况，用专业工具对龙骨进行切割、组装。

（三）固定框架

框架与墙、地面固定，可通过预埋木砖或钉木楔使框架固定。

（四）安装玻璃

在校正好的木框内侧，定出玻璃安装的位置线，并固定好玻璃板靠位线条。用玻璃吸盘把玻璃吸牢，先将玻璃插入上框槽口内，然后轻轻落下，放入下框槽口内。

（五）嵌缝打胶

把玻璃装入木框内，两侧距木框的缝隙应相等（一般在木框的上部和侧面留有 3mm 左右的缝隙），并在缝隙中注入玻璃胶。

（六）清理

玻璃安装后，应随时清理玻璃面，特别是冰雪片彩色玻璃，要防止污垢积聚，影响美观。

第六节　吊顶施工流程及施工要点

室内装饰中多使用轻钢龙骨、石膏板来制作天花吊顶；也有木龙骨夹板吊顶工艺。天花吊顶图（图 5-26）。

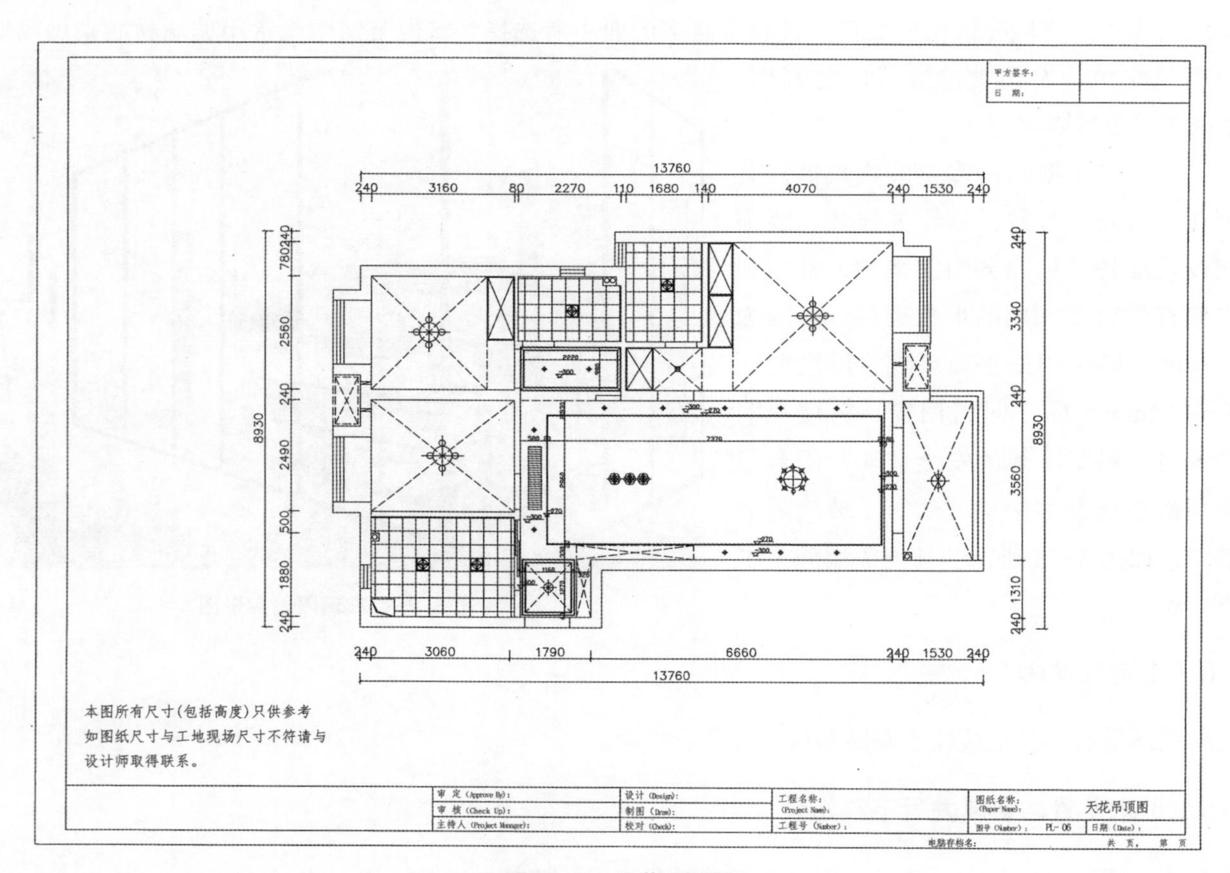

图 5-26　天花吊顶图

一、轻钢龙骨石膏板吊顶

轻钢龙骨石膏板吊顶施工流程如下：

（一）弹线定位

（1）看清图纸，根据施工图确定标高线。吊顶的设计标高必须在四周的墙上弹线，允许偏差 5mm（图 5-27）。

图 5-27　弹线定位

（2）四周墙壁弹出水平控制线，即吊顶边龙骨的下皮线。

（3）按吊顶平面图，在混凝土顶板弹出轻钢主龙骨的位置，主龙骨应从吊顶中心向两边分，间距不大于 1000mm。弹线应清晰、位置准确。

（4）为避免暗藏灯具与吊顶主龙骨、吊杆位置相撞，可在吊顶前在地面弹线、排序，确定各物件的位置后再吊线施工。

（二）吊杆固定

（1）沿主龙骨位置线，用冲击钻打孔安装顶爆螺栓固定吊杆。

（2）主龙骨吊点间距应符合设计要求，当设计无要求时，吊点间距应小于 1200mm。

（3）当吊杆与设备相遇时，应调整吊点构造或增设吊杆。

（4）吊杆距主龙骨端部距离不得大于 300mm，当大于 300mm 时，应增加吊杆。当吊杆长度大于 1500mm 时，应设置反支撑。

（三）安装龙骨

1. 安装边龙骨

（1）沿四周墙面天花水平控制线安装边龙骨。

（2）用膨胀螺丝固定，膨胀螺丝间距不大于 500mm，端头固定点不大于 100mm。

（3）如边龙骨采用木质龙骨时，应做好防火阻燃处理。

2. 安装主龙骨

（1）主龙骨应挂在吊杆上锁紧，单层板间距 800 ～ 1000mm；双层板间距 600 ～ 800mm。

（2）主龙骨宜平行房间长向安装，同时应起拱。

（3）主龙骨的接长应采取对接，相邻龙骨的对接接头要相互错开，主龙骨挂好后应基本调平。

3. 安装次龙骨

（1）次龙骨应紧贴主龙骨安装，主次龙骨间距可按封板模数确定。

（2）次龙骨间距正常为 300 ～ 400mm，最大间距（有障碍物时）不得超过 600mm。

（3）次龙骨的两端应在边龙骨的水平翼缘上紧紧固定。

（4）两边拉通线或红外线校正，用调吊杆螺母升降的方法调平龙骨。

（5）吊杆、龙骨的连接必须牢固。由于吊杆和龙骨松动造成应力集中，会产生较大的挠度变形，出现大面积封板不平整。在吊杆和龙骨的间距与水平度、连接位置全面校正后，再将龙骨的所有吊挂件、连接件拧紧、夹牢，副骨与边骨等连接处应用铆钉或自攻螺钉拴紧（图 5-28）。

图 5-28　安装龙骨

（四）封板（图 5-29）

（1）板材应在自由状态下进行安装，固定时应从板的中间向板的四周固定。

（2）螺钉与板边距离不得少于 15mm，螺钉间距宜为 200 ～ 250mm，均匀布置，并应与板面垂直。

（3）如封双层板，应错位封板，不得在同一龙骨上接缝，“7”字形转角处应用整板开挖，板面接缝处应作斜面处理，接缝不少于 5mm，不大于 10mm（图 5-30）。

图 5-29　封板

图 5-30　7 字形转角

二、木龙骨夹板吊顶施工流程及工艺

石膏板天花吊顶多采用轻钢龙骨作为承重骨架，夹板天花吊顶则多采用木龙骨做承重骨架。室内家装中，有不少业主选择集成墙板装饰材料，需要采用夹板天花。木龙骨夹板吊顶的施工流程如下：

（一）弹线定位

（1）根据施工图确定标高线。吊顶的设计标高必须在四周的墙上弹线，允许偏差 5mm（图 5-31）。

图 5-31　木龙骨吊顶弹线

（2）辅以红外线水平仪，在四周墙壁弹出水平控制线，并弹线定位，即吊顶边龙骨的下皮线。

（二）钻眼、打木楔

沿着弹线标识的位置每隔一段距离，用电钻打出孔眼，为保证龙骨的稳固性，孔眼间距宜保持在 30cm 左右为宜。钻孔不宜过深。尽量避免墙体承重钢筋，防止对墙体承重结构的使用安全产生不必要的影响。钻孔结束后，使用木楔填充孔眼作为固定点。

（三）安装木龙骨

按墙顶的水平线钉木龙骨，木龙骨的位置一定要钉好，如果歪斜，整个木龙骨框架都会歪斜，多次测量龙骨是否平直，如果不平，随时调整。墙顶的木龙骨是承重面，要用钉子加固木龙骨。龙骨架安装完毕后，必须满刷防火涂料（图 5-32）。

（四）钉夹板

根据设计图纸要求，选择欧松板或是木质夹板，用钉子固定到木龙骨上（图 5-33）。

图 5-32　安装木龙骨

图 5-33　钉夹板

（五）贴墙板

根据设计图纸要求，确定墙板的长度，切割多余部分，按从左向右、阳角向左、阴角向右的工序安装（图 5-34）。

图 5-34　贴墙板

第七节　墙面造型施工工艺

墙面造型工程在室内装修中主要有两种，一种是背景墙（多以电视机背景墙为主）墙面造型；另一种是越来越受业主青睐的使用集成墙板做整个室内墙面的装饰。下面分别讲述它们的施工流程及施工工艺要求。

一、背景墙面造型施工流程及工艺

背景墙面造型是以墙体为基础，通过夹板和线条做修饰，塑造出各式风格的一种艺术手法（图5-35）。其施工流程如下：

图 5-35　背景墙面造型

（一）弹线放样

（1）核对施工现场尺寸是否有误。

（2）根据设计图纸按 1 ：1 比例在墙面弹线放样。

（二）防潮处理

（1）在墙面造型预固定位置均匀涂刷防潮涂料，待防潮涂料完全干透后方可进行下一道工序。

（2）木龙骨、木板及木楔做好防腐处理备用。

（三）固定骨架

（1）按施工要求在两侧墙面弹出标高控制线和平面分格线，分格线规格为 300mm × 300mm。

（2）按分格线钻孔钉入木楔，木楔入墙深度不少于 40mm。

（3）固定木格栅时应横竖拉通线，确保格栅垂直平行，待格栅完全固定后用刀锯沿格栅平面锯掉多余部分木楔。

（4）采用不少于 30mm×44mm 的凹口木方垂直卡成 300mm×300mm 木格栅，沿标高控制线先固定一边，中间每格在木楔上打钉固定。

（5）大面积木格栅还应刷好防火漆再封板。

（6）小面积墙面造型直接用夹板做叠级即可。

（四）封底板

（1）墙面造型封底一般采用 12 ～ 18mm 阻燃夹板，背涂防潮涂料，按木格栅规格弹线，码钉固定。

（2）电视背景夹板墙挂电视机处应用夹板填实封平。

（3）如有弧形、圆形的异样造型，则应按比例放模，曲线锯切割固定。

（4）原墙打底板（玻璃底板或护墙板底板），一般用欧松板或阻燃夹板锯成 400×600mm 或 100 ～ 150mm 的木板条，用平头拉爆螺丝或墙板钉固定，并留收缩缝 30 ～ 50mm。

（五）贴饰面板

（1）同一平面或同一造型饰面板纹理、颜色应一致，宽度在 1200mm 以内的圆形和凹凸造型应用板开挖。

（2）饰面板黏贴着胶应均匀、无遗漏，蚊钉固定，不得有翘角、起鼓。

（3）饰面板拼接应平整，无凹凸挡手感，灯槽内不便批灰的位置应贴防火板或饰面板。

（六）钉线条

（1）同一区域或同一造型线条颜色、纹理应统一。

（2）弧形部位线条应流畅、优美，弧度大小一致。

（3）2200mm 以上的线条应采用斜口拼接，直角位 45° 拼接。

二、墙面集成墙板施工流程及工艺

随着装饰材料多样化选择，顶、墙整体定制的“护墙板”越来越受欢迎，它是近几年发展起来的新型装饰墙面材料，相对其他墙面装饰材料，层次感、立体感更强，极显高端品位，可以全屋铺设，也有部分铺设，如背景墙。这种材料独特的优势在于毛坯墙面不用扇灰（刮腻子），直接上墙拼装，施工快捷，绿色环保，造型多样，省去油漆工，使整个装修工程大大缩短。因墙面面积较大，如果装修预算充足，选择顶墙定制不失为一种很好的选择。其施工流程如下：

（一）弹线放样

（1）核对施工现场尺寸是否有误。

（2）根据设计图纸按 1 ： 1 比例在墙面弹线放样（图 5-36）。

（二）防潮处理

在墙面造型预固定位置均匀涂刷防潮涂料，待防潮涂料完全干透。

（三）切割墙板

根据放样尺寸切割墙板（图 5-37）。

图 5-36　墙板弹线

图 5-37　切割墙板

（四）墙板背后打胶（图 5-38）

在墙板背面均匀打上结构胶，用于固定。

（五）贴墙板

墙板高差应小于 0.5mm；板面间留缝宽度应均匀一致，尺寸偏差不应大于 2mm；用红外线水平仪找准基准线，要做到阴阳角垂直（图 5-39）。

（六）钉线条

墙面与顶面、柜子接口等要用装饰线条美化（图 5-40）。

图 5-38　打胶

图 5-39　贴墙板

图 5-40　钉线条

第八节　天花制作注意事项及验收标准

一、天花制作注意事项

（1）重型吊灯、电扇及其他重型设备严禁安装在吊顶龙骨上。

（2）超过 3kg 的灯具以及电风扇、排气扇等，均应由独立吊杆固定。

（3）木吊杆、木龙骨、造型木板应进行防腐、防火、防蛀处理。

（4）天花封板前应做好天花内供水管道的保温措施；电气导线应有阻燃软管护套，严禁天花板以上部位出现裸线。

（5）天花空调出风口侧板应做好防潮处理、防止冷凝水倒挂受潮发霉。

二、轻钢龙骨隔墙验收标准

隔墙工程一般项目的质量和检验方法应符合现行国家标准《GB50210—2018 建筑装饰装修工程质量验收规范》的相关规定。轻钢龙骨隔墙验收标准如表 5-1 所示。

（1）骨架隔墙所用龙骨、配件、墙面板、填充材料及嵌缝材料的品种、规格、性能和木材的含水率应符合设计要求。有隔音、隔热、阻燃、防潮等特殊要求的工程，材料应有相应性能等级的检测报告。

（2）骨架隔墙工程边框龙骨必须与基体结构连接牢固，并平整、垂直、位置正确。

（3）骨架隔墙中龙骨间距和构造连接方法应符合设计要求，骨架内设备管线的安装、门窗洞口等部位龙骨应安装牢固、位置正确，填充材料的设置应符合设计要求。

（4）木龙骨及木墙面板的防火和防腐处理应符合设计要求。

（5）架隔墙的墙面板应安装牢固，无脱层、翘曲、折裂及缺损。

（6）墙面板所用接缝材料的接缝方法应符合设计要求。

（7）骨架隔墙表面应平整光滑、色泽一致、洁净、无裂缝，接缝应均匀、顺直。

（8）骨架隔墙上的孔洞、槽、盒应位置正确、套割吻合、边缘整齐。

（9）骨架隔墙内的填充材料应干燥，填充应密实、均匀、无下坠。

表 5-1　轻钢龙骨隔墙检验方法

项目	允许偏差 mm		检验方法
	纸面石膏板	水泥纤维板人造木板	
立面垂直度	3	4	用 2m 垂直检测尺检查
表面平整度	3	3	用 2m 靠尺和塞尺检查
阴阳角方正	3	3	用直角检测尺检查
接缝直线度	—	3	拉 5m 线，不足 5m 拉通线，用钢直尺检查
压条直线度	—	3	拉 5m 线，不足 5m 拉通线，用钢直尺检查
接缝高低差	1	1	用钢直尺和塞尺检查

三、天花吊顶验收标准

天花吊顶验收时，主要把握吊顶表面平整度、接缝直线度、接缝高低差、水平度四方面，验收及检验方法如表 5-2 所示。

表 5-2　天花吊顶验收标准

项目	允许偏差 mm				检验方法
	石膏板	金属板	矿棉板	木板格栅	
表面平整度	3	2	2	2	用 2m 靠尺和塞尺检查
接缝直线度	3	1.5	3	3	拉 5m 线，不足 5m 拉通线，用钢直尺检查
接缝高低差	1	1	1.5	1	用钢直尺和塞尺检查
水平度	5	4	4	3	在室内四角用尺量检查

四、墙面造型验收标准

墙面造型验收时，主要把握上口平直度、面板平直度、表面平整度、面板洛缝宽度四方面，验收及检验方法如表 5-3 所示。

表 5-3 墙面造型验收标准

项目	允许偏差 mm	验收方法	
		量具	测量
上口平直度	≤ 3	拉 5m 线，不足 5m 拉通线	每面至少测量两处，取最大值
面板平直度	≤ 2	吊线锤和钢卷尺	
表面平整度	≤ 1.5	用 2m 靠尺和塞尺	
面板洛缝宽度	按设计要求	钢直尺	

思考与练习

1. 利用网络自主拓展学习并收集吊顶效果图，并找出 3 幅自己最满意的实景效果图并在小组内分享。
2. 建材市场分小组调研木工材料，调研内容主要包括课堂所讲的各种木工板材、装饰线条以及辅料，加强对实物的认识以及对材料特性的了解。
3. 小组成员内讲解吊顶施工流程及施工要点，并选取优秀代表在班级分享。
4. 通过观摩装饰公司，听优秀设计总监的案例分享、看公司材料工艺间和样板间，完成 300 字内的参观日志。

第六章

油漆工程

【本章教学项目任务书】

	能力目标	知识目标	素质目标
教学目标	(1)了解墙面装饰材料的种类 (2)能根据风格及需求给业主选择墙面装饰材料	(1)了解墙面装饰材料的分类 (2)掌握扇灰施工要点 (3)掌握乳胶漆涂刷的施工要点	(1)培养学生严谨、细致的学习作风 (2)发现问题并解决问题的实践能力 (3)培养学生口头表达能力 (4)培养学生对色彩和材质的搭配能力
重点、难点及解决办法	重点：墙面装饰材料；扇灰及常见乳胶漆涂刷的施工要点 难点：墙面装饰材料；扇灰及常见乳胶漆涂刷的施工要点 解决方法： (1)展示各种材料的墙面装饰效果图，让学生加强对材料的直观感觉 (2)展示油漆工地拍摄图片，让学生认识墙面材料 (3)带学生下建材市场，分小组完成各种墙面材料的素材搜集		
教学实施	(1)展示已签单落地的墙面实景图案例，欣赏与分析案例，了解户型的墙面装饰效果 (2)分小组情境讨论 情境1：墙面装饰材料有哪些 情境2：墙面装饰材料的优劣 情境3：不同装饰风格墙面装饰材料怎么搭配 (3)根据PPT、施工视频以及拍摄的油漆工现场图片讲解扇灰及乳胶漆涂刷的施工流程及施工要点 (4)展示企业不同的施工特色 (5)通过学习布置课后拓展作业		

进展到油漆工程时，就意味着硬装快要接近尾声了。室内装饰工程中，到这一步工程时主要是对墙面进行处理，随着装饰材料的多样化、丰富化，客户在选择墙面装饰材料时选择会很多。如墙布墙纸、硅藻泥等装饰材料，多数商家会提供专业的施工服务，但是这些墙面装饰材料都有一个共同点，在施工前，都需要首先对墙面基层进行扇灰处理。所以在油漆工程施工环节，我们仍然选择最具有代表性的乳胶漆来讲述它的完整施工流程及施工要点。

装饰材料的多样化让客户有更多的选择，这部分除了介绍常用的油漆涂料外，还有现在较流行的墙纸墙布、硅藻泥等墙面装饰材料。

在《涂料工艺》一书是这样定义涂料：“涂料是一种材料，这种材料可以用不同的施工工艺涂覆在物件表面，形成粘附牢固、具有一定强度、连续的固态薄膜。这样形成的膜通称涂膜，又称漆膜或涂层。”涂料在装饰工程中应用广泛，品种很多，常用的有乳胶漆，防水、防锈、防火涂料等。

第一节　乳胶漆

乳胶漆又称乳涂料，是有机涂料的一种，是以合成树脂乳液为基料加入颜料、填料及各种助剂配制而成的一类水性涂料。它主要由 5 种成分构成：水、乳液（一种类似白胶的东西，起附着的作用，为乳胶漆的核心成分）、颜料、填料、添加剂（如防起泡、防冻）等。

建材市场上乳胶漆的品牌有很多，进口、合资以及国产均有，国内品牌的乳胶漆在耐洗刷、干燥时间、遮盖力、有害物质含量等检测指标中都达到了国家质量要求，丝毫不逊色于国外品牌。乳胶漆性价比较高，工艺和色系越来越丰富，受很多消费者青睐。乳胶漆使用实景图如图 6-1 所示。

图 6-1　乳胶漆

一、乳胶漆的分类及应用

（1）按光泽度不同，可分为高光乳胶漆、半光乳胶漆、丝光乳胶漆、蛋壳光乳胶漆、平光乳胶漆等。

（2）按墙面不同，可分为内墙乳胶漆、外墙乳胶漆等。

（3）按用途不同，可分为防火型、防霉型、抗裂型、抗紫外线型等。

（4）按涂层顺序不同，可分为底漆和面漆。

二、乳胶漆的特点

1. 环保

乳胶漆涂刷时直接加水搅拌，施工时基本没有因有机溶剂挥发而产生对环境污染和人体伤害的问题，也不存在爆炸和火灾的问题，是一种安全而又环保的友好涂料。

2. 施工方便

乳胶漆可以刷涂也可滚涂、喷涂、刮涂等，施工工具可以用水清洗。

3. 涂膜干燥快

乳胶漆涂层干燥迅速，施工效率高、成本低。

4. 保色性、耐气候性好

乳胶漆涂膜坚硬、表面平整、观感舒适；多数外墙乳胶白漆不容易泛黄，耐候性可达 10 年以上。

5. 透气性好、耐碱性强

乳胶漆涂于呈碱性的新抹灰墙和混凝土墙面，不返粘、不易变色。

三、乳胶漆的选购

由于乳胶漆在室内墙面大面积使用，直接关系墙面装饰效果，选购乳胶漆除了考虑色彩搭配外，还要注意选购要求，因为涂料的质量关系着居住者的身心健康，一定要选择符合国家标准（GB）的优质涂料。优质的涂料附着力强，抗污性好，不易发黄，坚韧耐久，能更长时间地保持最佳外观效果。

1. 环保第一

墙面面积大，如果产品不环保的话，会严重影响居住环境。根据监测，乳胶漆的挥发性有机物在涂刷一年后，还会逐步释放，所以，我们在购买乳胶漆时，首先要查看产品的质检报告。对于乳胶漆而言，最重要的环保指标就是 VOC 含量。

知识拓展：VOC

在《GB 18582—2008 室内装饰装修材料内墙涂料中有害物质限量》中，VOC 含量的定义是涂料中总挥发物含量扣减水分含量。即为涂料中挥发性有机化合物含量，材料中所含 VOC 越少，对人体的危害也越轻微。涂料国标中对内墙涂料中 VOC 含量的要求是不得高于 200g/L。

当室内的 VOC 超过一定浓度时，短时间内人们会感到头痛、恶心、呕吐、四肢乏力。如不及时离开现场，会感到以上症状加剧，严重时会抽搐、昏迷，导致记忆力减退。VOC 伤害人的肝脏、肾脏、大脑和神经系统甚至会导致人体血液出问题，从而患上白血病等其他严重的疾病。

2. 根据使用位置来选购乳胶漆

例如，卧室和客厅的墙面要选用附着力强、质感细腻、耐分化性和透气性好的乳胶漆；如果厨卫墙面也要使用乳胶漆的话，可以考虑采用防水、防霉、易洗刷的外墙乳胶漆。

3. 估测分量

一般来说，一桶质量合格的 5L 乳胶漆重约 7kg；18L 的重约 25kg。还可以将油漆桶提起来，正规品牌乳胶漆晃动一般听不到声音，很容易晃动出声音则证明乳胶漆黏度不足。

4. 开桶检测

用木棍将乳胶漆拌匀，再用木棍挑起来，优质乳胶漆往下流时会成扇面形。用手指摸，正品乳胶漆应该手感光滑、细腻。

5. 看颜色

选购乳胶漆时，一般品牌商都会有色卡选样，由于涂刷面积大，所以选购时可以将面漆的颜色小于色卡一号，会接近想要的色彩效果。

6. 弹性

弹性越大的产品，墙面涂刷完毕，就越不容易裂缝。

7. 可擦洗性

可擦洗性越高证明漆膜的密度越大，涂料做出来的效果就越好，另外，也比较容易清洗，有什么污渍可以自己擦掉。

知识拓展：乳胶漆与艺术漆

近几年，市场上出现了艺术漆涂料，也可以称为乳胶漆的升级产品（图 6-2）。乳胶漆和艺术漆都是用来装饰墙面的，但两者在装饰效果和施工方法等方面还是有些差异的，下面简单介绍一下：

（1）乳胶漆的颜色一般都是单色的，所以涂出来的装饰效果也较单一。

（2）艺术漆一般有层次感，显得更立体、更有质感，可以做出不同的花纹和颜色，并且可以根据用户的需求进行量身定制。种类也很丰富，表现力极好。艺术漆施工完毕以后，色彩一般都会比较均匀艳丽，图案也会比较完美，并且光泽感较强。不管是在自然光下，还是在灯光下，艺术漆都可以呈现出完美的装饰效果，并且还可以实现墙纸、墙布等无法呈现出来的装饰效果。

（3）乳胶漆的色彩一般都会比较明快柔和，漆膜也会比较硬，表面一般平整无光，看起来比较舒适。

（4）环保方面，艺术漆同乳胶漆一样，也是水性涂料，具有环保性。

图 6-2　艺术漆

（5）乳胶漆的调制方法和施工方法比较简单，价格也不贵。

（6）艺术漆一般需要专业的施工人员，调制方法比较困难，价格也会更加昂贵。

（7）乳胶漆一般用于装饰室外和室内的墙面，而艺术漆一般用于局部墙面，装饰玄关、背景墙、吊顶、门庭等，可以起到高雅的装饰效果。

第二节　墙纸、墙布

墙纸、墙布也称作壁纸、壁布。墙纸和墙布没有严格的区别，只在于墙纸的基底是纸基，而墙布的基底是布基，它们表面的印花、压花、涂层可以做成完全一样的，所以在装饰效果上也是一样的，在市场上有时会被统称为墙纸或壁纸。也可以理解为墙布是墙纸的升级版。由于墙布使用的是丝、毛、麻等纤维原料，价格档次比墙纸要稍高一些。但也不是绝对的，有的品牌墙纸价格会高于墙布，具体还得看用料及工艺（图 6-3、图 6-4）。

图 6-3　墙纸

图 6-4　墙布

一、墙纸、墙布的主要种类及应用

墙纸、墙布品牌品种繁多，色彩丰富、纹理多样，性能各异，具有柔软、光滑、防水、耐磨、表面易清洗等优点，特别是其独具的柔软亲肤的感觉大大掩盖了墙体的冰冷和坚硬感，给人以温馨、亲切的感受，这一特性明显胜于乳胶漆，所以被越来越多的客户选择，也逐渐成了室内墙面装饰的一种趋势选择。同时，墙纸的施工也相对简单，工期短，替换方便。

（一）纯纸类墙纸

纯纸类墙纸主要材料成分是由草、树皮和天然加强木浆加工而成，无其他任何有机成分，绿色环保、无有毒有害物质，同时质感好、透气性强，墙面的湿气、潮气都可透过壁纸，被称为“会呼吸的墙纸”。纯纸类墙纸纸质密，但是基底终归是纸基，防水、耐磨和耐刮性能相对要差一点，所以使用时注意避免被硬物划刮。

（二）织物类墙纸

织物类墙纸是较高级的品种，基底可以是纸，也可以是布，纸基为墙纸，布基为墙布，面层主要是用丝、羊毛、棉、麻、布面（如提花布或纱线布等）等天然纤维织成，可以印花、压纹，表面为纺织品类的材料在透气性和外在质感上都非常不错，显得很高档大气，但价格偏高。

（三）天然植物墙纸

天然植物墙纸是用天然的草、木、藤、芦苇等制作而成的墙纸，纯朴自然、绿色环保、保暖通风，因其取材于自然，素雅大方，生活气息浓厚，给人以返璞归真的感觉。缺点在于铺装时接缝明显，不能精细平整，同时可能还会有一定的色差。

（四）木纤维墙纸

木纤维墙纸是由天然木纤维加工而成，因它具有良好的透气性能，能将墙面本身的潮湿气释放，不至于因潮湿气积压导致墙纸发霉。

（五）玻纤墙纸

玻纤墙纸也叫玻璃纤维墙布，它是以玻璃纤维布作为基材，表面涂树脂、印花而成的新型墙面装饰材料。其特点是色彩鲜艳、不褪色、不变形、不老化，防水，而且耐洗耐磨、施工简单、粘贴方便。

（六）金属墙纸

金属墙纸是将金、银、铜、锡、铝等金属，经特殊处理后，制成薄片贴饰于墙纸表面，有较强的金属质感、不变色，还具有防火、防水等特性。这种墙纸给人以富丽堂皇的感觉，主要适用于公共空间墙面装饰，如酒店、商场等。

（七）特种墙纸

为满足市场的不同需求而生产的具有特殊装饰效果或特殊功能的墙纸，也称为功能墙纸。如耐水墙纸、防火墙纸、发光墙纸和风景墙等。

二、墙纸、墙布的选购

选购时首先需要注意色系是否满足整体风格上的协调，是否和空间内地面色彩搭配和谐等，让人感觉温馨舒适；其次要考虑后续软装的搭配衔接，如与沙发、窗帘以及家具等的整体协调。除此之外还需要注意以下几点：

1. 外观

看表面是否存在色差、起褶和起泡，墙纸、墙布的图案纹理是否清晰，同时还要注意表面有没有抽丝、跳丝等现象，展开看看厚薄是否一致，光洁度是否较好。

2. 擦洗性

可选取一块小样，用湿布用力擦拭，看看墙纸是否有脱色的现象。

3. 批号

选购墙纸、墙布时，要注意查看墙纸、墙布是否同一批号，因为由于生产批次不一样，可能会存在一定的色差。

4. 环保

墙纸、墙布本身无刺鼻气味，但是在施工过程中需要用到胶黏剂，所以除了关注墙纸、墙布的环保性，还需要重点关注施工时用到的胶水是否环保。

第三节　硅藻泥

硅藻泥，以一种以硅藻土为主要原材料的天然环保型内墙装饰材料，同墙纸、墙布和乳胶漆一样，适用于室内空间的内墙装饰，它呈粉末状。硅藻泥具有极强的物理吸附性能，不仅不释放任何有害物质，反而能帮助吸附室内甲醛等有害物质；同时硅藻泥墙面有其特别的肌理，具有较强的立体感和艺术感，深受消费者喜欢（图 6-5）。

图 6-5　硅藻泥

第四节　顶面乳胶漆施工流程及要点

乳胶漆施工涉及的空间面主要是顶面和墙面，按照施工顺序，一般是先顶面再墙面，两个空间面在乳胶漆的施工流程上存在区别，区别在于顶面有石膏板天花吊顶，需要一些特殊的处理，如果墙面用轻钢龙骨石膏板做了隔墙，同顶面流程。整个完整的施工流程其实包括墙面扇灰和乳胶漆涂刷两部分。扇灰就是墙面找平，是对墙面进行一次找平处理，然后刮腻子，在沙浆层上抹腻子，腻子粉是建筑装饰材料的一种，主要成分是滑石粉和胶水。腻子是用来墙面修补找平的一种基材，为下一步装饰打下良好的基础。先来看顶面乳胶漆施工流程及要点：

一、防锈、防裂施工

（一）吊顶钉眼防锈处理

吊顶自攻螺丝钉眼全部使用防锈漆（原子灰）涂刷（图 6-6），后用嵌缝膏（图 6-7）填平。不允许使用腻子、石膏粉、水泥等水性材料。

（二）石膏板接缝处理

使用嵌缝石膏填缝并找平，注意抹刀要收平，再用白乳胶加纸绷带黏接，注意不要及时通风，要封闭处理，阴干后开始做腻子（图 6-8）。

（三）粘贴防裂纸带

顶面与墙面结构若为不同材质，交接处用嵌缝石膏填实填平，干燥后粘贴防裂纸带，要求顺缝粘贴，粘贴牢固平整（图 6-9）。

图 6-6　防锈防裂

图 6-7　嵌缝膏

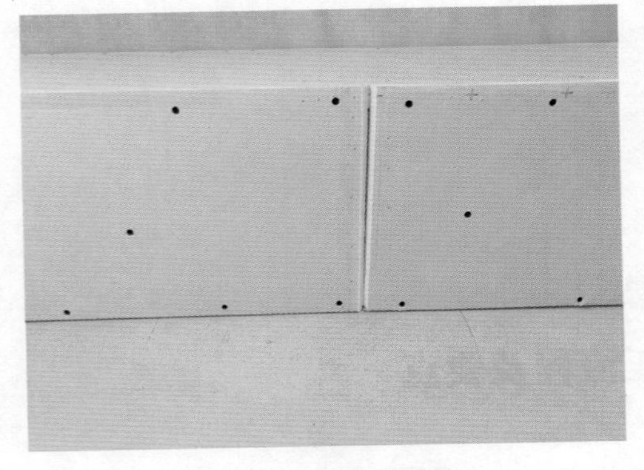

图 6-8　倒八角接缝

图 6-9　防裂处理

二、顶面腻子施工

腻子粉是装饰材料的一种，主要成分是滑石粉和胶水（图 6-10）。

图 6-10　腻子粉

（一）基层处理

必须彻底清扫干净基层，不得有浮尘、杂物、明水等，并随时注意保持基面清洁卫生。

（二）批刮腻子

使用批嵌工具满刮第一遍腻子。批刮密实、平整、阴阳角垂直方正（图 6-11）。同时，沿着顶面横刮，不得漏刮，每一刮压住前一刮 2/3，接头不得留槎（图 6-12），注意不要沾污门窗及其他物品、成品。腻子干透后，将腻子渣及高低不平处打磨平整，注意用力均匀，保护棱角。

满刮腻子方法同第一遍腻子一样，方向一致，干燥之后将墙面进一步打磨平整、光滑。打磨完后用清扫工具清理干净。

批刮两三遍为宜，吊顶石膏板本身是平直的，相对墙面来说，顶面平整度处理起来稍容易一些。

图 6-11　阴阳角方正

图 6-12　顶面批刮

知识拓展：腻子干湿区分

（1）手掌感知：手掌抚摸墙面，如腻子已干燥，手掌与墙面摩擦会发出“沙沙”声；还可以检查手掌，若沾上大量粉尘并感到潮湿感则可断定未干。

（2）视觉判断：腻子干燥后的颜色会白一些，若是有些地方还呈现发黄或发灰的颜色，证明墙面刷的第一遍腻子还未干透。若墙面完全干燥，它的颜色整体一致。

（3）利用砂纸：若是腻子干透的话，用砂纸轻轻打磨便会出现粉尘。没粉尘或粉尘很少，另外有黏砂纸现象，证明墙面腻子还未干透。

（4）粗略时间估计：正常情况下普通腻子干透要一两天，耐水性腻子要 5 ～ 7 天。特殊情况可能时间会更长，具体情况还视整体家装环境而定。

三、打磨

批刮腻子之后需要打磨处理，可手工打磨或机器打磨（图 6-13）。

图 6-13　打磨

打磨时应带 200 瓦手把式专用照明灯进行跟踪打磨。选择 240 ～ 400 目砂纸试打。以墙面无露底，无明显砂纸打磨痕迹为准。每次打磨都需在上一次腻子完全干透后进行。

知识拓展：打磨注意事项

腻子找平总厚度不应超过 2mm。

四、乳胶漆施工

（一）准备工作

（1）施工前将门窗、饰面等成品物品周边使用分色纸进行粘贴保护。

（2）不要在潮湿或寒冷的天气（气温低于 5℃，相对湿度大于 85% 情况下）施工，否则不能达到预期的涂装效果。

（3）涂料墙体未干前不得打扫地面，以免粉尘污染墙面。

（4）涂料施工前做好成品保护，施工时尽量避免交叉作业，以免污染墙面。

（二）涂刷底漆

均匀地涂刷一层抗碱封闭底漆，进行封底处理。大面积可用滚涂，边角处用毛刷小心刷涂，均匀无漏刷。

（三）涂刷面漆

（1）涂刷面漆前检查墙面，如有不平整处可用腻子补平打磨。选用优质短毛滚刷，阴阳角处用毛刷补充，不得漏刷。从上到下施工，先刷顶后刷墙。乳胶漆使用前配比标准，搅拌均匀、油漆进行过滤。

（2）对墙体表面进行无掉粉、起皮、漏刷、透底、流挂、疙瘩、沙眼等处理，确保墙面规整后进行滚涂施工，色漆确保颜色一致均匀。

（四）喷涂

（1）乳胶漆应兑入适量清水调配，清水注入量约为20%，乳胶漆调配后须静置30分钟左右，待气泡完全消失，用纱布过滤后，倒入喷枪进行施工。

（2）使用专用涂料喷涂机进行喷涂，每次喷涂须干后才可以进行下一次喷涂，喷涂过程中应注意边角部位的流挂现象，喷面漆时应一次完成（图6-14）。

图6-14　喷涂

（3）喷涂时应注意喷枪与墙面的距离，如果距离太近，涂料层增厚易被涂料冲回，产生流淌；距离太远，涂料易散落，使涂层造成凹凸状，得不到平整光滑的效果，小型喷枪头距离墙面200～300mm，大型喷枪离墙面距离一般为400mm为宜。

（4）喷涂应采用从左到右横向喷涂或从上到下纵向喷涂，但每次喷雾流须压盖前一次涂层面的1/3，依次施工，方能确保漆膜丰满均匀。

（5）大面积滚涂完毕，应及时用毛刷压边。

知识拓展：喷涂工艺的特点

（1）优点：操作便捷，缩短施工时间；涂层覆盖均匀，表面光亮无痕迹，整体效果好。

（2）缺点：涂料消耗量较大；不利于小面积修补和维修；对施工环境、气候、温度、湿度要求较高，5℃以下，35℃以上禁止施工。

（五）刷涂

（1）首先选好刷涂工具，乳胶漆涂料一般选用羊毛排或羊毛板刷。

（2）蘸漆时大拇指放松，刷毛朝下，蘸漆后刷子在容器边回刮两下，以去掉多余涂料。

（3）为了涂刷均匀，不要用移动整个手臂的动作带动排刷，要用腕力轻松牵动排刷，用刷子下半部刷毛正反向两面刷于墙面。

（4）面漆不能刷得太浓，应多刷几遍，以保证漆面平整光滑，无刷痕（图6-15）。

图 6-15　刷涂

知识拓展：刷涂工艺的特点

（1）优点：便于操作，受空间、气候、温度影响较小；适用小面积、边角位的施工操作；便于修补和维修；涂料在操作过程中基本无损耗。

（2）缺点：不利于大面积操作；操作过程中对施工人员的刷涂手法有较高要求，因乳胶漆本身不具备流平性，如操作不当，交接位会有明显的刷痕接头，影响美观；漆膜相对较薄。

（六）滚涂

（1）根据施工要求选用滚筒，一般底漆施工选用粗毛滚筒，面漆则选择细毛滚筒。

（2）用滚筒蘸取涂料时，只需浸入筒径的 1/3，然后在托板盆滚动几下。

（3）使套筒被乳胶漆涂料均匀浸透，如果乳胶漆吸附不够，可再蘸一次。滚涂料应有顺序地朝一个方向滚涂，在墙面上最初滚涂时，为使涂层厚薄一致，阻止乳胶漆涂料滴落，滚筒要从下向上再从上向下成 M 状滚动而下。然后就可水平线垂直一直滚下去，最后达到纹理清晰、漆膜均匀、具有立体感（图 6-16）。

图 6-16　滚涂

知识拓展：滚涂工艺的特点

（1）优点：施工便捷，受环境影响较小；漆膜丰满，手感好；有独特纹理，视觉效果好。

（2）缺点：不适于边角位施工。

第五节　墙面乳胶漆施工流程及要点

一、准备工作

（1）清理地面、墙面、天花灰尘，搬走多余物料，确保工作面空旷、无尘。

（2）用家具保护膜对门窗、家具进行有效保护（图 6-17）。

图 6-17　保护膜

（3）线槽部位处理：沿开槽方向挂玻璃纤维网防裂，两边各超出线槽 100mm，网边使用纸绷带加固（图 6-18）。墙面全房挂网，增加墙面的稳定性（图 6-19）。

图 6-18　线槽部位挂网

图 6-19　全房挂网

二、找阴阳角方正

一般情况下，室内的阴阳角部分有一定的误差，为保证其平直度，需要使用阴阳角条对阴阳角进行找方正（图 6-20）。

图 6-20　找阴阳角方正

三、批刮腻子

工艺及流程同顶面腻子施工，最终以高平整度找平为准，刮腻子遍数以墙面平整度达标为准，不限遍数（图 6-21、图 6-22）。

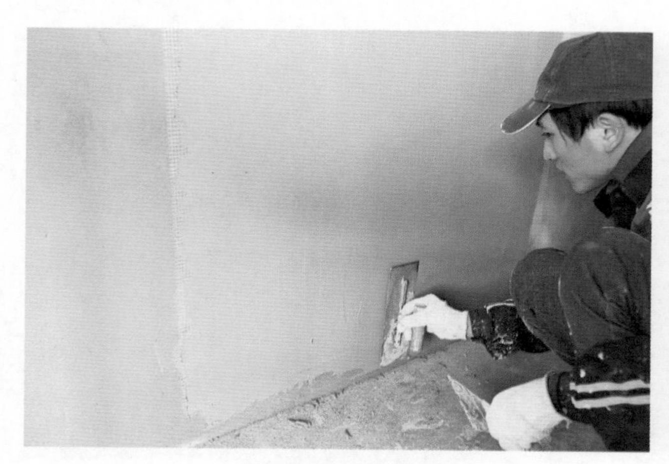

图 6-21　横批腻子

图 6-22　批平墙面

其余流程如打磨、涂刷底漆和涂刷面漆的施工方法均同顶面施工。

知识拓展：家庭装修乳胶漆颜色选择

现在家庭装修中乳胶漆是比较常用的油漆品种，在选择乳胶漆的时候，颜色的选择很重要。

选择乳胶漆颜色之前，应对颜色的特性有所了解，根据颜色对人心理的影响，可分为冷、暖两类色调；冷色调主要用于心情需要平静的场所，暖色调则用于喜庆、热烈的环境中，色彩的搭配要注意协调，避免使人产生不舒服的感觉。白色为常用调和色。当一个色彩面转化为另一色彩面时，一般可使用各种装饰线以起到过渡的作用。

具体颜色选择要根据家装风格而定，以柔和、舒适为准，尽量避免过于刺眼的色彩搭配。

第六节　油漆工程验收

一、乳胶漆验收标准

乳胶漆工程在验收时，其验收指标及检验方法可以参照表 6-1。

表 6-1　乳胶漆验收标准

序号	项目	质量标准	检验方法
1	泛碱、咬色	不允许	观察检查
2	流挂、疙瘩、波纹	无	观察、手摸检查
3	颜色	均匀一致	观察检查
4	反光	均匀一致	灯光照射，观察检查
5	砂眼、刷纹	无	观察检查
6	装饰线、分色线平直度允许偏差	2mm	拉 5m 线，不足 5m 用钢尺检查
7	掉粉，起皮，漏刷，透底	无	观察、手摸检查
8	成品家具	无污染	观察
9	平整度	3mm	用 2m 靠尺和塞尺检查
10	垂直度	3mm	用 2m 垂直检测尺检查
11	阴阳角方正	3mm	用 600mm × 800mm 直角检测尺

思考与练习

1. 自主拓展墙面装饰材料有哪些？并作出合理评价。
2. 分小组讨论不同装饰风格，墙面装饰材料怎么选择？
3. 分小组调研墙面装饰材料，具体任务见表 6-2。

表 6-2　分组调研

组别	调研项目	调研内容
第 1 组	乳胶漆（含艺术漆）	品牌、系列、规格、报价、特性
第 2 组	墙纸墙布	品牌、风格、应用、报价
第 3 组	硅藻泥	品牌、风格、应用、报价
第 4 组	集成墙板	品牌、风格、应用、报价
第 5 组	墙锦	品牌、风格、应用、报价

第七章

安装工程

【本章教学项目任务书】

<table>
<tr><td rowspan="2">教学目标</td><td>能力目标</td><td>知识目标</td><td>素质目标</td></tr>
<tr><td>（1）能列举室内安装项目
（2）能说出安装项目的时间节点</td><td>（1）了解安装项目的种类
（2）掌握安装进场时间节点
（3）掌握安装工艺</td><td>（1）培养学生严谨、细致的学习作风
（2）发现问题并解决问题的实践能力
（3）培养学生口头表达能力</td></tr>
<tr><td>重点、难点及解决办法</td><td colspan="3">重点：安装工程项目种类及进场节点；安装工艺
难点：安装工程项目种类及进场节点
解决方法：
（1）展示各空间实景效果图，让学生找出安装项目并纠错汇总
（2）施工视频辅助讲解</td></tr>
<tr><td>教学实施</td><td colspan="3">（1）展示室内装饰全景效果图以及各空间实景图，引导学生欣赏与分析案例
（2）小组讨论合作，结合日常生活实际列举安装工程项目名称
（3）根据 PPT、视频以及拍摄的工地现场图片讲解安装项目的施工要点
（4）分小组模拟施工班组，以组长为项目经理，组员为监理，按老师提供的情境任务，完成实践任务
情境 1：分小组讨论满足正常需求的安装项目明细
情境 2：分小组讨论安装项目的时间节点
情境 3：各监理分别向项目经理口述交付验房的标准
（5）布置课后拓展作业</td></tr>
</table>

安装工程在家装施工中是穿插在各个施工环节中的。家装施工中的安装工程以施工时间节点进行讲述。

第一节　阳台窗安装

阳台窗有通风、采光和观景作用。业主们一般考虑遮雨挡风等要求，会把阳台封装起来，以增加阳台的实用性和安全性。同时阳台窗的装饰作用也很好。现在新建的居民住宅多以小高层住宅为主，阳台上需要安装阳台窗。阳台窗属于定制产品，因为每个楼盘、每幢楼阳台户型可能尺寸不一样，需要专属定制。阳台窗安装的时间节点相比其他安装工程会比较早，出现在瓦工施工环节。阳台窗定制有时间周期，需要量尺、设计、生产加工、运输及安装环节，一般 20 ～ 30 天。所以建议装修开工仪式当天，就可以请材料商进行量尺，然后根据业主需求出设计图再下单生产，成品到家时间最好在瓦工铺贴阶段，这样就不会延误瓦工施工期限。原因在于阳台窗安装好后，便于瓦工师傅铺贴阳台边沿瓷砖。如果阳台窗定制较晚，可能致使工期往后延误或者瓦工师傅二次进场，阳台窗实景图如图 7-1 所示。

图 7-1　阳台窗

一、窗的种类及应用

考虑各个居民的楼层高低以及对安全性的要求不一样，对于阳台窗，会有不一样的样式和材质要求。阳台窗按开启方式可以分为平开、推拉、折叠、上悬、下悬等。

平开窗开启方便不占空间，密封性好，隔音、保温、抗渗性能优良；推拉窗开、关不需要占用额外的空间，简单而便捷。窗户视野相对比平开窗要好；折叠窗清洁方便，利于护理栏杆，采光通风好，随处开启，任意调节。

阳台窗按有、无框又可以分为无框阳台窗和有框阳台窗。无框平推阳台窗整体视野开阔、采光效果好、结构简单、款式新颖、外观优美、推拉便捷；无框折叠阳台窗能保证最大面积开启通风效果、整体视野开阔、采光效果好、易清洗。不足之处在于隔热、隔噪效果略差、开启方式烦琐、拆装纱窗不便。有框阳台窗结构牢固、密封效果好、推拉便捷、价格适中、隔热、隔噪效果较好。

阳台窗按材质可以分为铝合金、断桥铝、实木和塑钢阳台窗等。铝合金阳台窗有很好的抗腐蚀抗风、抗晒的特点，非常耐用，特别是一些南方地区，使用铝合金阳台窗特别多；断桥铝阳台窗要比铝合金材质更好。主要表现在隔热性、隔音性、防火性、水密性、防腐性、保温性等，但是断桥铝阳台窗的价格较贵，从整体效果来说断桥铝合金阳台窗是理想的选择；实木阳台窗的装饰美观性极强，这是实木阳台窗最大的优点，实木阳台窗在古典装饰中很常见的，但是实木阳台窗的木质特别容易断裂，而且日晒雨淋后很容易受腐蚀，使用寿命较短。塑钢阳台窗是一种塑钢材质，塑料中包裹了钢材，因塑料为主，价格相对便宜。

二、阳台窗选购方法

（一）看材料

在选择阳台窗的时候，可以先看阳台窗的材质，检查阳台窗五金件，尤其是比较小的配件，一般的阳台窗螺丝、合页、拉手等五金件不锈钢材质的要比铝质的好。

（二）看工艺

阳台窗工艺很重要，阳台窗的制作技术含量并不高，很大程度上需要用手安装，但是阳台窗的产品的质量加工熟练度也很重要。如何看阳台窗加工的好坏，主要看切线是否流畅，拼接是否有明显的缝隙，开关是否顺畅等。

（三）看性能

阳台窗的承重能力很重要，关系到阳台窗的质量问题，看阳台窗能否正常使用，安全防护性能是否好。阳台窗的密封性、性能还关系着阳台窗的封闭性隔音性能。

（四）看价格

阳台窗的购买要根据产品的性价比来选择，一般来说高档、优质的阳台窗要比劣质的阳台窗价格高出30% 左右，因为阳台窗如果使用的是劣质材料，如果有挤压，就会影响阳台窗的密封性。

第二节　门的种类及安装

安装门出现的时间节点在油漆工程墙面基层处理好，定制家具安装完成阶段。门安装好后，油漆工就可以进行底、面漆的涂刷了。

室内门有很多材质也有很多风格，门的选购一般要考虑到材质、风格以及室内色彩等。室内装饰中的门按空间分主要有入户门、卧室门、厨房门、卫生间门、阳台门等；按开启方式分滑轨门和合页门。滑轨门是横向推拉开启，不占用空间，主要用于厨房门、卫生间门、阳台门；合页门是转向开启，主要用于入户门、卧室门等。下面我们按材质介绍门的种类。

一、门的种类

（一）实木门

实木门是指门的基底材料取自天然原木或者实木集成材，如胡桃木、柚木等，加工后的成品门具有不变形、耐腐蚀、无裂纹和隔热保温等特点。

（二）实木复合门

实木复合门是指以木材、胶合材等为主要原料复合制成的实型体或接近实型体，面层为木质单板贴面或其他覆面材料的门。实木复合门的门芯多以松木、杉木或其他填充材料等黏合而成，外贴密度板和实木木皮，经高温热压后制成，并用实木线条封边。一般高级的实木复合门，其门芯多为优质白松，表面则为实木单板。由于白松密度小、重量轻，且较容易控制含水率，因而成品门的重量都较轻，也不易变形、开裂。另外，实木复合门还具有保温、耐冲击、阻燃等特性，而且隔音效果同实木门基本相同（图 7-2）。

图 7-2　实木复合门

（三）模压门

采用模压门板做的门就是模压门。它采用人造林的木材，经去皮、切片、筛选、研磨成干纤维，拌入酚醛胶和石蜡后在高温高压下一次模压成型。模压门板带有凹凸图案，实际上就是一种带凹凸图案的高密度纤维板。所以，模压门也属于夹板门，只不过是门的面板采用的是高密度纤维模压门板（图7-3）。

（四）玻璃门

玻璃门是比较特殊的一种门，首先它的厚度不足以说是一种实心门，而它又不属于异型门，玻璃门的特征是由玻璃本身的特征决定的。例如，采用钢化透明玻璃时，门扇就具有通透功能，而采用磨砂玻璃时，则具备半透光功能（图7-4）。

图7-3　模压门

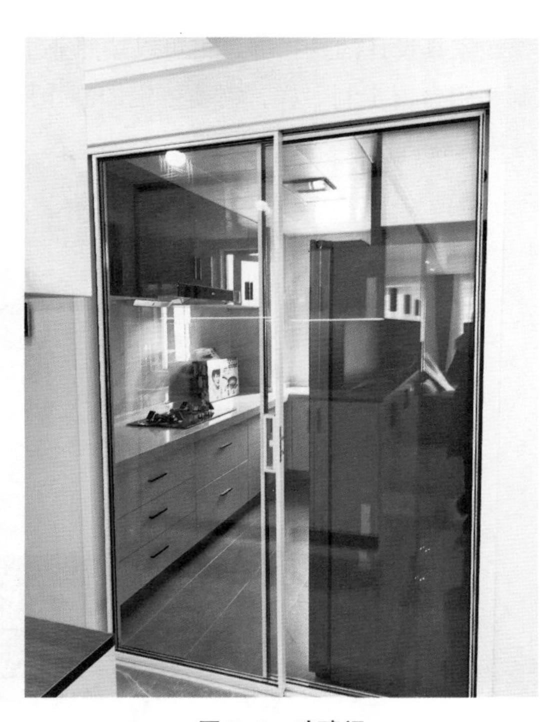

图7-4　玻璃门

知识拓展：智能门

智能门，也称智能安全门、智能防盗门，是在传统的防盗门的基础上，通过技术手段，实现自动报警、全面监控，实现全方位的安防功能的门业产品。它突破传统的防盗门的简单的“以锁控门”的防盗思路。也可以说，智能门通过智能系统主机芯片，实现像机器人一样，守护家门。这也是科技日益发展下的门业市场的发展趋势，是智能化家居生活的重要组成部分，深受广大消费者喜欢。

二、门的安装

1. 拆开包装，清点货物并分货，分货就是把相应的木门按对应的门洞尺寸匹配，并进行组装。
2. 先固定装合页的那一方门框，完成后，将合页开槽，安装合页并将其固定在门套的侧板上。

3. 以固定好的一扇门框为基准，调节另一侧门框，做到两边门框横平竖直，用钉枪固定安装。

4. 安装门的外装饰线条，就是门套线。根据业主喜欢的风格，斜角与直角，两种效果可以自由选择。

5. 装锁，注意从门的最下方向上测量 95cm 处是锁的中心位置。

6. 安装门吸，防止撞墙。

7. 清理现场。

第三节　全屋定制

全屋定制是近几年家居行业流行的词语，它是集家具设计、定制及安装服务为一体的家居定制解决方案，定制是指提供个性化的家具定制服务，包括整体衣柜、整体书柜、酒柜、鞋柜、电视柜、步入式衣帽间、入墙衣柜、整体家具等多种产品均属于全屋定制范畴。全屋定制可以全方位的满足业主的需求，如家具材料的选择、家具设计的选择等，更可以按照业主的生活习惯量身定制，更具人性化，而且环保指数高。全屋定制和阳台窗定制一样，需要一定的制作周期，一般在 30 ～ 45，建议最好是在开工仪式当天或者开工后尽快安排（图 7-5）。

图 7-5　定制鞋柜 + 餐边柜

全屋定制的设计往往要根据家庭装修风格而定，目前市场较流行的家具定制风格有现代简约、极简、轻奢、新中式、北欧、欧式、美式、混搭等。

现代简约风在全屋定制时，就是以黑白灰为主的搭配，柜体黑或灰居多，门板大多为白色、无造型的平板门，以简洁的造型、完美的细节，营造出时尚的品质。

极简风在全屋定制时，柜子顶天立地，看不到顶封板和踢脚板，门板无拉手，会使用回弹器或者免拉手凹造型门板，这类柜子还会做侧面见光板与门板同色。

轻奢风在全屋定制时，家具会更多的添加时尚元素，具有高级感，如门板上添加金属线条或者铜色线条，铝框玻璃门、高光门板搭配柜体灯光，软装搭配时会挑选更显精致的元素，如丝绒、镜面等，散发出一种轻奢气质。

新中式风格在全屋定制时，柜体多是以深色为主调色系，柜门搭配中式风元素，辅佐门板的造型以及中式纯铜拉手或金属线条，将现代时尚元素和古典元素结合在一起，追求传统文化的同时，又使人感觉舒适温馨，家具颜色也比较深，整体还是以实木为主，保留着中式的韵味。

北欧风在全屋定制时，多是以浅色系或浅原木色系为柜体，搭配白色造型门板，配上罗马柱。以简洁为主，没有复杂的造型设计，只有简练的线条设计，简约设计的家具组合在一起。局部用一些绿植或者亮色的软装搭配，起到点缀的作用。

混搭风是没有局限于某种风格，全屋定制中会更加注重个性化设计与搭配，结合自己的生活习惯来布局空间，以实用为主，混搭不等于乱搭，混搭也要讲究搭配和谐。

第四节　石材安装

室内装饰工程中，石材安装主要是指门槛石、飘窗石、厨房台面石的安装。门槛石安装时间节点在瓦工阶段，和地面铺贴同步进行；飘窗石的安装，油漆工进场前完成安装即可；厨房台面石材的安装，与整体橱柜的安装同步进行。

一、门槛石的安装

门槛石的安装由瓦工师傅负责，通常采用湿铺工艺完成。其安装流程如下：

（1）基层清理：铺贴前将地面基层打扫干净，遇有凝结水泥石块的，要将其铲平整。

（2）确定标高：在墙面标出标高控制线，厨房、卫生间、阳台等门槛石表面，宜高出完成面 10mm 左右，起到挡水条的作用。

（3）试铺：在地面铺设干硬性水泥砂浆垫底，根据标高调整砂浆的厚度。

（4）铺贴：将水泥和细沙按 1 ： 2 比例搅拌均匀，均匀涂抹在门槛石背面进行铺贴。尤其要注意两边灰缝要饱满，以免后期脱落。

（5）门槛石安装完成后，利用细木工板余料按照门槛石的尺寸做成相应的保护层，铺贴在门槛石完成面上。

二、飘窗台的安装

飘窗台的安装一般由商家提供服务，属于定制服务。前期商家量尺、设计、生产，后由安装师傅上门安装。安装流程主要有以下步骤：

（1）根据设计图纸，将石材上窗台就位，观察石材周边尺寸厌及缝隙，并根据现场进行细节调整。

（2）制作窗台基层，在即将铺设的窗台上用木垫片参照确定大理石基层的高度。

（3）参照铺贴高度，在窗台上倒入干硬性水泥砂浆垫底，并将其抹平，与木垫片高度水平。

（4）将飘窗石材放在砂浆基层试铺，用水平尺确认铺贴平整度，并通过调整砂浆基层调节平整度。

（5）调和水泥砂浆进行正式铺贴，并对周围缝隙进行填缝处理。

三、厨房台面石材的安装

石英石因其良好的防污性和耐磨度，被广泛用于厨房台面的材料。石英石是人造石材中的一种，它是将石英砂粉碎过后，再通过提纯，加入树脂、颜料以及其他辅料压制而成。石英石台面的安装，是在整体橱柜完成地柜后进行的，需要专业的安装师傅进行安装。其安装流程及安装中的注意事项如下：

安装之前，需要检查地柜的平整性，以免后期影响台面正常使用寿命。安装台面时，需要保留石材与墙面之间的距离，一般留有 3 ～ 5mm 的缝隙，留缝隙的主要目的，是为了防止以后台面及橱柜由于热胀冷缩而产生变形。台面安装完成后，在台面与墙面相交处，安装挡水条，用玻璃胶打点安装固定挡水条，以防止水渗透进入橱柜和墙面的缝隙里，导致发霉和损坏橱柜的柜体。最后，清洁、处理台面垃圾和擦拭灰尘（图 7-6）。

图 7-6　厨房石英石台面

第五节　木地板安装

一、木地板分类

（一）实木地板

实木地板，又叫原木地板，是将天然木材经烘干、加工后形成的地板。它具有木材自然生长的纹理，能起到冬暖夏凉的作用，脚感舒适、环保安全、花纹自然等优点，是卧室、客厅、书房等地面装饰的理想材料，缺点是不耐磨、易失光泽。

（二）强化复合地板

强化复合木地板，俗称强化地板，是一种以木质人造板为基材的地板，一般是由四层材料复合组成，即耐磨层、装饰层、高密度基材层、平衡（防潮）层。强化地板起源于欧洲，1985 年由奥地利的刨花板生产商和瑞典的生产商联合研究开发生产，它以其耐磨、防潮、阻燃、安装便捷、保养简单、无需打蜡等优点，迎合了现代人快节奏和轻松便捷的生活方式，被越来越多的消费者所选择，成为 21 世纪地面装饰材料的“主力军”。

（三）实木复合地板

实木复合地板又俗称多层实木地板。是由不同树种的板材交错层压而成，一定程度上克服了实木地板湿胀干缩的缺点，干缩湿胀率小，具有较好的尺寸稳定性，并保留了实木地板的自然木纹和舒适的脚感。实木复合地板兼具强化地板的稳定性与实木地板的美观性，而且环保。

（四）竹木地板

竹木地板是以竹材为主要原料，木材为辅料，在实木复合地板制作的基础上，采用先进工艺加工而成的一种集竹、木优点的新型地板。它的面板和底板，采用的是上好的竹材，而芯层多为杉木、樟木等木材。竹地板具有格调清新高雅、装饰效果好、色差较小、冬暖夏凉、环保无污染、防蛀、脚感好等优点（图 7-7）。

（五）软木地板

软木地板被称为“地板的金字塔尖消费”。软木主要取材于生长在地中海沿岸及同一纬度的我国秦岭地区的栓皮栎。软木制品的原料就是栓皮栎的树皮（该树皮可再生，地中海沿岸工业化种植的栓皮栎一般 7 ～ 9 年可采摘一次树皮），与实木地板相比更具环保性、隔音性，防潮效果也更好，带给人极佳的脚感。软木地板柔软、安静、舒适、耐磨，对意外摔倒可提供极大的缓冲作用，其独有的隔音效果和保温性能也非常适合应用于卧室、会议室、图书馆、录音棚等场所（图 7-8）。

图 7-7　竹木地板

图 7-8　软木地板

二、木地板安装方法

木地板的铺设方法通常有悬浮铺设法、龙骨铺设法、毛地板铺设法、打龙骨加毛地板铺设法等。

1. 悬浮铺设法

先铺设防潮地垫，然后在上面铺设木地板。这种施工方法要求地面一定要干燥平整。复合木地板较多采用此法。

2. 龙骨铺设法

先将木龙骨固定在地面上，然后将地板固定在龙骨上。实木复合地板和实木地板多采用此法。

3. 毛地板铺设法

将毛地板（打龙骨的时候用的夹芯板）直接固定在地面上，然后将地板固定在毛地板上。这种方法一般在地面预留的高度不足，不能采用打龙骨或龙骨加毛地板铺设法，而又不适合采用直接黏接法，所以采用悬浮铺设法。

4. 龙骨加毛地板铺设法

先铺好龙骨，然后在上边铺设毛地板，将毛地板与龙骨固定，最后将地板固定在毛地板上。

以上铺设方法，实木地板、复合地板、多层实木地板、竹木地板等均适用，具体采用哪一种铺设方法，要根据现场来决定。实木、竹木地板最常用的铺设方法为打龙骨铺设法，复合地板常用方法为悬浮铺设法。

第六节　铝扣板安装

铝扣板是以铝合金板材为基底，通过开料、剪角、模压成型得到，铝扣板表面使用各种不同的涂层加工得到各种铝扣板产品。2004 年，浙江率先将取暖、照明、换气等功能性电器与扣板的尺寸进行配套，使电器平整地融合到扣板之中，形成一个完整的产品体系，就是我们今天所说的“集成吊顶”。铝扣板防火、防潮、防水、易擦洗，同时价格较便宜，施工简单，再加上其本身所独具的金属质感，兼具美观性和实用性，是现在室内厨卫吊顶的主流产品。

铝扣板家装常规厚度一般是 0.6mm，厚度并非越厚越好，主要在于基层，品牌铝扣板基材采用的多是原生铝，不生锈，表面处理工艺除传统的滚涂、喷涂、覆膜技术外，还使用了热转印、釉面、油墨印花、镜面、3D 以及纳米烤涂等新工艺技术，除了美观，还能有效抵御各类有机污染物和防卫各类油污侵害。常见规格是 300mm × 300mm 方形板，这种规格比较好搭配风暖、照明电器；也有 300mm × 450mm 和 300mm × 600mm 等多种规格，如果厨卫面积大，可选择 300mm × 600mm 长方形大板，铺装效果好。

铝扣板工装厚度有 0.2 ～ 0.4mm，和家装铝扣板的区别主要在于基层铝和表面处理工艺，工装板的表面处理工艺主要是滚涂、粉末喷涂、覆膜、磨砂等，表面较为简单，颜色都是纯色（白色）为主。

铝扣板的安装时间节点比较灵活，因为独立于一个单独的空间，油漆工离场后随时可以安装，其施工流程如下：

（1）安装所在区域贴好墙砖，水、电管道已安装完毕。

（2）沿墙四周弹出水平线，作为吊顶标高控制线。

（3）确定吊杆下端的高度，安装吊杆用膨胀螺丝将其固定在顶棚上面。

（4）安装主龙骨：采用 C38 轻钢龙骨，间距需保持在 1200mm 以内，安装时需要与主龙骨配套的吊杆相连，同时需检查是否牢固。

（5）安装次龙骨：次龙骨通常是通过吊件吊挂在主龙骨上。在当次龙骨长度需多根延续接长时，可用次龙骨连接件，在吊挂次龙骨的同时相接，调直固定。

（6）安装边铝条：根据天花板的高度，在墙面四周安装 25mm × 25mm 的边铝条，然后用水泥钉将其固定，水泥钉间距需在 300mm 以内。

（7）安装铝扣板：在所有龙骨都安装完毕之后，可沿着垂直次龙骨的方向，设置一条基准线，对齐基准线后向两边开始安装。安装时需将铝扣板轻拿轻放，等扣板卡进龙骨再推进（图 7-9）。

（8）清理：铝扣板吊顶安装完成后，需用抹布把面板擦拭干净，不留任何污渍。

图 7-9 铝扣板

第七节 卫浴洁具安装

卫浴洁具在选择上既要满足功能要求，同时还要考虑节能、安全、智能以及装饰等需求，市场上各品牌、各种各样的卫浴产品让人目不暇接，风格、材质、颜色也多样化。卫浴安装的时间节点在油漆工离场后。

一、卫浴洁具的主要种类及应用

（一）水龙头

水龙头是用来控制水流大小的开关，使用频率极高，其好坏直接影响日常生活。室内装饰中的水龙头从功能分主要有面盆龙头、浴室龙头、厨房龙头、抽拉龙头等；主流颜色有摩登黑和不锈钢银；按材质分主要有塑料、合金、铜等。不管是哪种类型的水龙头，最重要的部位就是水龙头的阀芯，阀芯主要有三种：铜、陶瓷和不锈钢。水龙头也有各类风格，如简约、古典、现代，可以根据装饰风格选择。

（二）面盆

面盆按材质分主要有陶瓷面盆、玻璃面盆和石材面盆等；按款式可以分为柱式和台式，台式又分台上、台下盆，面盆通常和浴室柜搭配在一起整体出售，有不同尺寸及风格。

（三）浴缸

浴缸不是卫浴的基础配置，可根据自身生活习惯选择在浴室内（或面积较大卫生间）放置浴缸。浴缸的材质主要有亚克力浴缸、钢板浴缸、木制浴缸等，品牌、风格、样式丰富，可结合需求选择购买。

（四）淋浴房

沐浴房是单独的沐浴隔间，可起到明显的干湿分区作用，充分利用室内一角，将沐浴空间划分隔离出来。按功能可分为整体沐浴房和简易沐浴房；按款式可分为转角形沐浴房、一字形沐浴房和圆形沐浴房等（图 7-10）。

图 7-10　淋浴房

（五）马桶

马桶又称坐便器。除了传统马桶外，现在市场也逐渐流行智能马桶，它是在传统马桶的基础上通电，可实现座圈加热、自动翻盖、冲洗以及烘干等功能。马桶按冲水方式的不同可以分为直冲式和虹吸式：直冲式冲水噪声较大等，市场上目前以虹吸式为主；虹吸式排水马桶不仅噪声低，对马桶的冲排也较干净，还能消除异味（图 7-11、图 7-12）。

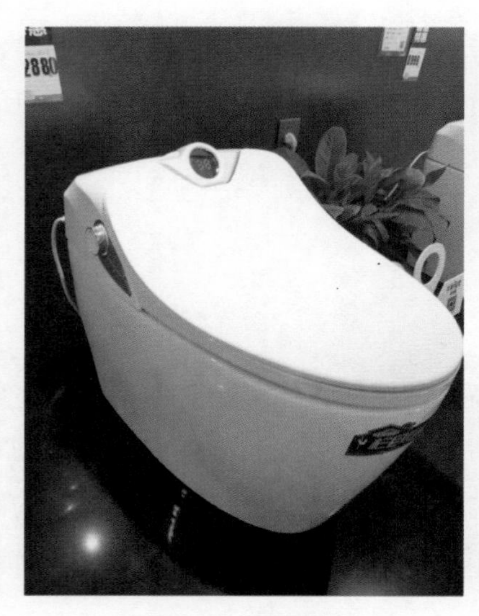

图 7-11　智能马桶

图 7-12　传统马桶

（六）花洒

花洒又称莲蓬头，是沐浴用的喷头，按手持方式分类主要有手提式花洒、头顶式花洒等。品牌和风格较多，可根据喜好选择（图 7-13）。

图 7-13　花洒

二、卫浴洁具的选购

卫浴产品一定要到正规经销代理商处购买，认清厂家的品牌标识、产品说明、性能参数等。好的产品手感上一般都会比较细腻平滑、色泽均匀。

三、五金件

五金件主要指的厨房、卫生间五金挂件以及门锁等的安装。常见的五金件有卫生间的毛巾架、浴巾架、马桶刷、纸巾架、挂衣钩、角篮、置物架、皂碟、梳妆镜等；厨房的各种置物架、收纳架等。室内门在购买时，锁具多是需要单独购买的。

第八节　开关、插座、灯具安装

一、开关

开关的品牌和种类很多，按照使用用途，室内装修常用的有单控开关、双控开关和多控开关。单控开关是指一个开关控制一个或者多个灯具，如客厅有多只筒灯，由一个开关控制，那这个开关就是单控开关。双控开关是指两个开关共同控制一个或者多个灯具，如卧室入口和床头就比较适合安装双控开关。按装配形式，开关可以分为单联（一个面板上只有一只开关）、双联（一个面板上有两只开关）、多联（一个面板上有多只开关）；按安装方式，开关可以分为明装式、暗装式，家庭装修多以暗装为主；按功能可以分为定时开关、带指示灯开关等；按照性能可以分为转换开关、延时开关、声控开关、光控开关、遥控开关等。

开关的设计要以便利性为设计原则，距地面高度一般为 1200 ～ 1400mm，距离门框、门沿为 150 ～ 200mm，同时开关不得置于单扇门后面。

二、插座

室内装修用的插座多为单相插座，有两孔和三孔两种。两孔插座不带接地保护，主要用于小功率家用电器；三孔插座用于需要接地保护的大功率家用电器。按功能可以分为普通插座、安全插座、防水插座、地插座等。空调有专门的空调插座，外观上和普通插座差不多，但是在使用上有很大区别；在卫生间一般安装带防水盖的防水插座。除此之外，公共空间常用一种安装在地面上的地插座，平时与地面齐平，脚一踩就可以把插座弹出来，主要避免从墙面插座上接线致使地面到处是电线。除了上述的普通电源插座外，还有一些弱电插座，如电视插座、网络插座等。

家庭室内插座多采用暗装方式，在使用中如果发现插座装少了，再想增加是件很困难的事情，所以设计时把握“宁多勿少”以及未来智能化家居时代会用到更多电器的可能，最好多预留，以防后期不够用。

一般情况下，每间卧室电源插座设置 4 组，空调插座 1 组；客厅电源插座 5 ～ 7 组（视面积大小），空调插座 1 组；厨房电源插座 5 ～ 6 组；卫生间电源插座 2 组；阳台电源插座 1 ～ 2 组。

插座距地面高度一般 300 ～ 350mm；壁挂式空调插座的高度约为 1900mm；厨房插座高度约为 950mm；洗衣机插座高度约为 1000mm。

三、灯具

家居装饰中，灯饰的作用不仅仅限于照明，更是一件艺术品、一件装饰品，随着人们生活品位的提高，对灯饰的要求也在逐步提高。不同材质的灯饰，灯光会产生不同的氛围，给室内的空间意境和气氛带来不同的视觉效果。灯具按不同造型可以分为吊灯、吸顶灯、落地灯、壁灯、台灯、筒灯、射灯等（图 7-14 ～图 7-16）。

图 7-14　吊灯

图 7-15　吸顶灯

图 7-16　筒灯

吊灯的安装方式是垂吊在室内天花板上，按不同风格分，有欧式、中式以及现代时尚吊灯。吸顶灯适合客厅、卧室、厨房、卫生间等空间照明。吸顶灯可直接装在天花板上，安装简单；落地灯常用作局部照明，一般放在沙发拐角处，对于角落气氛的营造十分实用；壁灯适合于卧室、走道等空间照明，也起到装饰墙面作用；筒灯一般装在卧室、客厅、卫生间干区的吊顶区，是嵌装于天花板内部的隐置性灯具，所有光线都向下投射，筒灯不占据空间，可增加空间的柔和气氛；射灯可安装在吊顶四周或家具、挂画上部等，光线直接照射在需要强调的家具物件上，既可对整体照明起主导作用，又可局部采光，烘托气氛。

第九节　窗帘的选购与安装

窗帘在室内很容易成为视线的焦点，它具有调节光线、温度、声音以及视线的作用，窗帘能分隔空间，加强空间的秘密性和安全感，还能给空间增添装饰韵味，是家庭装修中不可或缺的设计（图 7-17 和图 7-18）。

图 7-17　窗帘

图 7-18　窗帘

窗帘主要有 3 个部分组成：窗帘导轨、帘布和辅助构件。导轨有弯曲轨、金属轨、木制轨等，帘布有布帘、纱帘、百叶帘、卷帘等，辅助构件有固定器、拢绳、吊环、帷幔等。

一、窗帘的选购

窗帘在选购时，需要综合考虑其色彩、遮光度、帘布、倍率、安装方式等多种因素。

（1）色彩：要与空间风格搭配，主要涉及色彩学知识，通常来说，灰色或蓝色比较百搭。如果整体风格色调比较冷淡，窗帘选择上可以用亮色点缀。

（2）遮光度：如果对光线比较敏感的话，可选高遮光度的窗帘。

（3）帘布：一般客厅、餐厅、卧室等大面积空间选用单层布帘或是一层布帘加一层纱帘的双设计；厨房、卫生间或阳台等稍小面积的空间，多选用百叶帘或卷帘。

（4）倍率：窗帘想要装得好看有层次感，窗帘长度通常做到窗户长度的 1.5 ～ 2 倍比较合适，这样的安装效果比较有层次感。

窗帘选购时还要考虑安装方式。手动窗帘需要人亲自将窗帘拉开和闭合，随着智能家居的普及，智能窗帘也逐渐被消费者所青睐，这是一种通过远程控制或者遥控来完成窗帘的打开与合并的一种智能化窗帘。

二、窗帘的安装

窗帘有导轨与罗马杆两种安装方式，一般现代风的装修多选择导轨安装，这种安装方式简洁美观，顶部不易落灰，而欧式风的装修，选用罗马杆的搭配效果会更好些。特别要注意的是，如果是选购智能窗帘，在设计时需要事先预留插座位置。

思考与练习

1. 欣赏案例户型装饰完后的实景图片，并做出合理评价。

2. 小组讨论安装工程项目名称以及安装的时间节点。

3. 分小组调研，具体内容见表 7-1。

表 7-1　小组调研项目及内容

组名	项目	调研内容
第 1 组	门窗	品牌、门窗种类、搜集图片
第 2 组	全屋定制	品牌、实景图片、打动你的设计元素
第 3 组	木地板	品牌、种类以及应用、图片
第 4 组	集成吊板	品牌、种类以及应用、图片
第 5 组	卫浴	品牌、种类以及应用、图片
第 6 组	开关、插座、灯具	品牌、种类以及应用、图片
第 7 组	窗帘	品牌、种类以及应用、图片

参考文献

[1] 田原，杨冬丹 . 装饰材料设计与应用 [M]. 北京：中国建筑工业出版社，2018.

[2] 张峰，陈雪杰 . 室内装饰材料应用与施工 [M]. 北京：中国电力出版社，2009.

[3] 王葆华，田昨 . 装饰材料与施工工艺 [M]. 武汉：华中科技大学出版社，2020.

[4] 崔玉艳，彭诚 . 建筑装饰材料与施工工艺 [M]. 西安：西安交通大学出版社，2013.

[5] 陈娟 . 建筑装饰材料构造与施工 [M]. 武汉：武汉大学出版社，2015.

[6] 汤留泉 . 图解室内设计装饰材料与施工工艺 [M]. 北京：机械工业出版社，2019.

[7] 付知，许倩 . 图解装饰材料实用速查手册 [M]. 北京：化学工业出版社，2020.

图书在版编目（CIP）数据

装饰材料与施工工艺 / 严滔，胡晓，龙杰编著. --
北京：中国纺织出版社有限公司，2022.3
"十四五"职业教育部委级规划教材
ISBN 978－7－5180－9286－4

Ⅰ. ①装… Ⅱ. ①严… ②胡… ③龙… Ⅲ. ①建筑材料—装饰材料—职业教育—教材 ②建筑装饰—工程施工—职业教育—教材 Ⅳ. ①TU56 ②TU767

中国版本图书馆CIP数据核字（2022）第002731号

责任编辑：李淑敏　　责任校对：寇晨晨
责任印制：王艳丽

中国纺织出版社有限公司出版发行
地址：北京市朝阳区百子湾东里A407号楼　邮政编码：100124
销售电话：010—67004422　传真：010—87155801
http://www.c-textilep.com
中国纺织出版社天猫旗舰店
官方微博http://weibo.com/2119887771
天津雅泽印刷有限公司印刷　各地新华书店经销
2022年3月第1版第1次印刷
开本：889×1194　1/16　印张：10
字数：182千字　定价：68.00元